家风继世长

中华优秀家风文化

济南市纪检监察协会 编著

济南出版社

图书在版编目（CIP）数据

家风继世长：中华优秀家风文化 / 济南市纪检监察协会编著 . -- 济南：济南出版社，2025.1. -- ISBN 978-7-5488-6823-1

Ⅰ . B823.1

中国国家版本馆 CIP 数据核字第 202476RP47 号

家风继世长：中华优秀家风文化
JIAFENG JI SHI CHANG
ZHONGHUA YOUXIU JIAFENG WENHUA

济南市纪检监察协会　编著

出　版　人　谢金岭
责任编辑　范玉峰　李　敏　张冰心
封面设计　谭　正

出版发行　济南出版社
地　　址　山东省济南市二环南路 1 号（250002）
总 编 室　0531-86131715
印　　刷　济南德宝印务有限公司
版　　次　2025 年 1 月第 1 版
印　　次　2025 年 1 月第 1 次印刷
开　　本　170mm×240mm　16 开
印　　张　18.5
字　　数　189 千字
书　　号　ISBN 978-7-5488-6823-1
定　　价　89.00 元

如有印装质量问题 请与出版社出版部联系调换
电话：0531-86131736

版权所有　盗版必究

编审委员会

主　　任：杨光忠

副 主 任：孙义俊　毕朝曦

编　　委：李　伟　王　薇　白　露　桑　伟

　　　　　张　宁　王　洁

特约顾问：仝晰纲　裴传永

前　言

"天下之本在国，国之本在家，家之本在身。"源远流长的农耕文明和"家国一体"的传统政治模式，使中华文明中的家国关系呈现出相互交融的状态，形成了"正心、修身、齐家、治国、平天下"的逻辑推进，构成了"欲治其国，先齐其家""正家而天下定矣"的路径依赖。中华民族历来重视家庭建设、注重家风传承，泱泱五千余载华夏文明，蕴含着丰富的家风文化，孕育了重家教、守家训、正家风的优良传统。尊老爱幼、妻贤夫安，母慈子孝、兄友弟恭，耕读传家、勤俭持家，知书达礼、遵纪守法，家和万事兴等跨越时空的中华优秀传统家庭美德，铭记在中国人的心灵中，融入中国人的血脉中，始终激扬着感召人向上向善的正能量，成为支撑中华民族生生不息、薪火相传的重要精神力量和基因密码。

中国共产党是中华优秀传统文化的继承者和弘扬者，历来重视家风建设。在革命、建设、改革的峥嵘岁月里，一代代共产党人特别是老一辈无产阶级革命家，在矢志不渝、坚定不移为中华民族和中国人民利益奋斗的实践中，以先进性为引领、以中华传统家庭美德为底蕴、以革命家庭为载体，建立了一整套具有特定内涵的关于治家的行为和道德规范，形成了为我们所传承和颂扬的红色家风。它包含马克思主义家庭观的思想精髓，彰显爱党爱国、忠于人民、廉洁自律、克己奉公、艰苦朴素、甘于奉献的优良传统和作风，不仅是共产党人修身和齐家的个体实践产物，更是中国共产党人加强自身建设尤其是加强先进性建设的重要实践成果。代代相传的红色家风对凝聚党心民心、推动党和国家事业发展发挥了重大作用、产生了深远影响，是我们党永不褪色的"传家宝"，是我们党弥足珍贵的精神财富。

党的十八大以来，习近平总书记高度重视家风建设问题，站在党和国家事业发展全局的高度，围绕注重家庭、注重家教、注重家风建设发表了一系列重要论述。比如，他深刻指出，领导干部的家风，不是个人小事、家庭私事，而是领导干部作风的重要表现；强调党员、干部特别是领导干部要清白做人、勤俭齐家、干净做事、廉洁从政，管好自己和家人，涵养新时代共产党人的良好家风；要求加强新时代廉洁文化建设，注重家庭家教家风，督促领导干部从严管好亲属子女；等等。习近平关于家庭家教家风的重要论述，既传承和发展了中华优秀传统文化中家训、家规、家教、家风的智慧，又继承和弘扬老一辈革命家的红色家风，还适应时代发展结合培育和践行社会主义核心价值观，赋予其新的时代内涵和现代表达形式，升华了党对家庭家教家风建设的规律性认识，明确了新时代廉洁文化建设的重要着力点，是新时代党员领导干部加强家风建设的行动指南。

新时代家风建设以"治家"为"治国"基点，紧密关联依规治党、以德治党的重要内容，既注重价值引领，又注重建章立制，明确家风正则民风淳、政风清、党风端，特别是把对党忠诚纳入家庭家教家风建设这一重大创新，把新时代家庭家教家风建设提到了前所未有的新高度。在加强廉洁文化建设、纵深推进全面从严治党的背景下，大力推进新时代家风建设，教育引导党员干部发挥廉洁修身、廉洁齐家的示范作用，以纯正家风涵养清朗党风政风，必将推动形成爱国爱家、相亲相爱、向上向善、共建共享的社会主义家庭文明新风尚，汇聚起全面建设社会主义现代化国家、实现中华民族伟大复兴的磅礴力量。

为深入贯彻落实习近平总书记关于家庭家教家风的重要论述，大力推进新时代家风建设，涵养新时代共产党人的良好家风，济南市纪检监察协会编撰《家风继世长：中华优秀家风文化》一书，通过"渊源有自""家国同构""治家有方""言传身教""父严子贤""母懿垂范""孝悌传家""齐风鲁韵""红色家书"九个部分，深入挖掘和全面展示中华优秀家风文化的思想精粹、道德精华，发挥好思想熏陶和文化教育功能，旨在引导党员干部从中汲取精神养分，带头注重家庭家教家风，建设好家庭、涵养好家教、培育好家风，坚持以德治家、以俭持家、以廉养家，争做清廉家风的传承者、践行者、示范者，推动社会主义核心价值观在家庭落地生根，让廉洁清风吹进千家万户，充盈泉城大地，为纵深推进全面从严治党、加强新时代廉洁文化建设提供坚强保障。

2025年1月

目 录

第一章　渊源有自：习近平论家风的多维解读 …………… 001

一、家庭是社会的基本细胞 ………………………… 001

二、家庭是人生的第一个课堂 ……………………… 006

三、重视家庭建设是中华优秀传统文化的内核 ……… 009

四、注重家庭、注重家教、注重家风是时代所需 …… 013

五、家风建设是基层治理的重要内容 ……………… 017

六、家风建设是党员干部作风建设的重要环节和全面从严治党的重要抓手 ……………………………………… 020

第二章　家国同构：家风文化与中国社会 ……………… 025

一、国之本在家，家之本在身 ……………………… 025

二、耕读立家与道德传家 …………………………… 030

三、家风与经学世家 ………………………………… 034

四、家风与士族门阀 ………………………………… 038

五、家风与科举世家 ………………………………… 043

六、家风与红色文化 ………………………………… 048

第三章　治家有方：文化世家与经典家训 ……… 053

一、颜之推与《颜氏家训》 ……… 053

二、司马光与《家范》 ……… 061

三、朱用纯与《朱子家训》 ……… 070

四、袁采与《袁氏世范》 ……… 078

五、曾国藩与《曾文正公家训》 ……… 086

六、柳玭与《柳氏叙训》 ……… 096

第四章　言传身教：中华优秀家风故事（一） ……… 104

一、谦卑自律：周公《诫伯禽书》 ……… 104

二、以己为戒：刘邦《手敕太子文》 ……… 109

三、淡泊明志：诸葛亮《诫子书》 ……… 113

四、诗示儿曹：韩愈《示儿》诗 ……… 118

五、立身行己：柳玭《诫子弟书》 ……… 125

六、公明廉威：颜希深"三十六字官箴" ……… 128

第五章　父严子贤：中华优秀家风故事（二） ……… 133

一、诗礼传家：孔子庭训 ……… 133

二、唯才是用：曹操《诸儿令》 ……… 139

三、教子有方：窦燕山教五子 ……… 144

四、大器早成：戚景通教子 …………………………… 148

五、勤廉奉公：王士禛《手镜录》 …………………… 153

六、清勤永励：刘组焕《寄示臻儿》 ………………… 159

第六章　母懿垂范：中华优秀家风故事（三） ………… 164

一、敬姜教子：劳则思，逸则淫 ……………………… 164

二、母教一人：孟母教子 ……………………………… 169

三、稷母责金：非理之利，不入于家 ………………… 174

四、婶母垂泪：皇甫谧浪子回头 ……………………… 178

五、封鲊还遗：侃母封鲊责子与宗母还鲊训子 ……… 183

六、以俭助廉：欧阳修之母画荻教子 ………………… 187

第七章　孝悌传家：中华优秀家风故事（四） ………… 191

一、单衣顺母：母在一子寒，母去三子单 …………… 192

二、汉文尝药：贵为天子，躬尽子职 ………………… 196

三、江革负母：造次颠沛，尽其心力 ………………… 199

四、杨香扼虎：唯义能勇，诚孝格天 ………………… 203

五、李密陈情：尽节于君之日长，报养祖母之日短 … 206

六、庭坚涤秽：不以官职之显，失其子职之常 ……… 211

第八章　齐风鲁韵：齐鲁文化中的家风家训 …………… 215

一、曲阜孔氏《祖训箴规》 …………………………… 216

二、邹城孟氏《家规二十条》 …………………… 220

三、琅琊王氏家训 …………………………………… 226

四、嘉祥曾氏《家规》及《家条十诫》 ………… 232

五、安丘曹氏《宗说》 ……………………………… 238

六、新城王氏家训 …………………………………… 242

第九章 红色家书：传统家风文化的承继与弘扬 ……… 250

一、身教典范：赵一曼致子书 …………………… 250

二、献身真理：何功伟给父亲的遗书 …………… 256

三、人人平等：毛泽东给表兄文运昌的信 ……… 260

四、铁血柔情：左权给妻子刘志兰的信 ………… 264

五、红岩精神：江竹筠给表弟谭竹安的信 ……… 270

六、人民至上：毛岸英给表舅向三立的信 ……… 276

后 记 ……………………………………………………… 282

第一章　渊源有自：习近平论家风的多维解读

中华传统文化源远流长，家风文化是其重要组成部分。了解中华传统文化中的家风文化，传承前人的优良传统，培育良好的家风，形成合乎当代的家庭教育良好氛围，对家人进行良好的道德教育，可为国家强盛伟业、民族复兴大业奠定良好的基础。

习近平总书记强调："家庭是社会的基本细胞，是人生的第一所学校。不论时代发生多大变化，不论生活格局发生多大变化，我们都要重视家庭建设，注重家庭、注重家教、注重家风。"[1] 不仅对中华优秀家风文化的内涵进行了高度概括和总结，还深刻指出了家风建设与中国社会的关系以及家风在当今社会的地位和影响，为我们正确理解中国优秀家风文化指明了方向。

一、家庭是社会的基本细胞

人类社会是共同生活在一起的人类个体通过各种关系联系起来的集合。家庭是人类社会的最小单位，每个家庭都是一个独立的小型文化系统，包含着独特的家庭秩序、运行机

---

[1] 习近平：《在二〇一五年春节团拜会上的讲话》（2015年2月17日），《人民日报》2015年2月18日。

制、生活风格和精神内涵。从这个意义上来讲，家庭是社会的基本细胞，它是社会得以存在、发展和繁荣的基础。习近平总书记强调："希望大家注重家庭。家庭是社会的细胞。家庭和睦则社会安定，家庭幸福则社会祥和，家庭文明则社会文明。历史和现实告诉我们，家庭的前途命运同国家和民族的前途命运紧密相连。我们要认识到，千家万户都好，国家才能好，民族才能好。国家富强，民族复兴，人民幸福，不是抽象的，最终要体现在千千万万个家庭都幸福美满上，体现在亿万人民生活不断改善上。同时，我们还要认识到，国家好，民族好，家庭才能好。"[1]习近平总书记的重要讲话，为我们正确认识家庭、家教、家风与国家富强、民族复兴、人民幸福的关系提供了理论依据。

中国传统社会是建立在农业基础上的血缘宗法社会。中国古代很长时间占统治地位的是自给自足的农业经济，这种生产方式非常重视大自然赋予的生存生活资源、条件以及人的因素，同时十分注重生活安定和社会环境稳定。生活在农业社会中的人往往安土重迁，轻易不愿背井离乡，"聚族而居"是社会存在的最基本组织形态。因而，中国古人特别重视家庭、家族关系，"孝亲"成为人们秉持的道德理念本位，尊重过往和传统，"慎终追远"成为中国传统社会心理。

血缘宗法制是中国古代维护贵族世袭的一种制度。所谓宗法，就是中国古代社会规定嫡、庶系统的法则。中国古代宗法

---

[1] 习近平：《在会见第一届全国文明家庭代表时的讲话》（2016年12月12日），《论党的宣传思想工作》，中央文献出版社2020年版，第280页。

制是由父系氏族社会末期父系家长制蜕变而来，以血缘关系为基础的社会关系，以"亲亲"为原则，以嫡长子继承制为主要特征。它确立于夏朝，发展于商朝，成熟于周朝，对中国历史影响深远。

西周的宗法制度，以嫡长子继承制为基础，在宗法上形成大宗、小宗的区别。周王贵为上天的儿子，是天下的大宗；天子分封除嫡长子以外的儿子为诸侯，建立封国。诸侯相对天子是小宗，在各自封国内却是大宗，其中，大宗尊于小宗、嫡长子尊于其余诸子。"天子建国，诸侯立家"①，意思是说：天子分封诸侯建立诸侯国，诸侯又分封采邑给卿、大夫。卿、大夫即家，这就是汉语中"国"与"家"的本义。宗法建立在宗族的基础上，宗族由若干个同血缘的家族聚合而成，由家庭而家族，聚合成宗族，结成乡社，进而成为国家的基石。

在宗法制度下，家族—宗族是以血缘关系为纽带、以统治和服从为内核的政治、经济和道德共同体。它对国家与社会具有维系秩序的功能，由家族走向国家，形成古代中国"家国一体"的格局。宗族组织和国家组织合二为一，宗法等级和政治等级完全一致，形成了稳定的统治秩序。因此，在中国古代即便有时会出现国家对民间丧失统治的情况，但家规和族规仍可继续发挥维护社会秩序的作用。

中国古代家和国在政治结构上紧密相连，形成了"家国同构"的格局。我们今天所说的"家国同构"，就是指家庭、家族和国家在组织结构方面具有共同性，是以血亲—宗法关系建

---

① 《左传·桓公二年》。

构起来的以大宗、小宗结构为基础,进而构成一个族权和行政权合二为一的政治实体,使家族和宗族同时享有族权和政权双重权力,保证了家长、族长和君主的绝对权威。

中国的社会制度可以称为"家邦"。在这种社会制度下,人们通过家族来理解"国家"这个概念,"天下家国,本同一理"就是这种观念的体现。从先秦到明清,尽管社会形态有所变化,但以血缘为纽带的宗法等级结构却长期沿袭未变。为维护这种组织形式,中国古代社会严格规定了辈分、嫡庶、长幼、主从等一系列等级秩序。由于中国古人认同宗法等级的"合法性",因此中国传统文化具有鲜明的伦理道德倾向。

中国古代宗法制度的出现、发展和完善是形成"家国同构"理念的根本原因。家是最小国,国是千万家。国与家是一体的,是一个有机体微小局部与庞大整体的关系。如果把国比作一个人的肌体,那么家就是国的细胞,是国的最小社会单位和缩影,没有家就没有国。同时,国也是家的放大和延伸,是家庭细胞赖以生存的肌体。国家强盛,家庭才能兴旺;国家衰亡,家庭则难免败落。中国古代宗法制要求国家子民忠于家庭与忠于国家达成统一,即居家尽孝、在朝尽忠,忠、孝同义,追求道德本位与伦理本位相统一。在血缘纽带维系的宗法下,家庭即是国家的缩影,家族即是家庭的扩大,国家则是家族的扩大和延伸。也就是说,家是小家,国是大家,家国本是一体。"国家"一词本身就是对国、家双重政治结构的说明。家庭、家族的兴衰可以影响到国运。

"一家仁，一国兴仁；一家让，一国兴让；一人贪戾，一国作乱：其机如此。"① 中国古代儒家思想主张"修身、齐家、治国、平天下"，恰恰是家与国之间同质联系的反映。

中国人自古以来就具有家国情怀，国是第一位的，没有国就没有家，没有国家的统一强盛就没有家庭的美满和个人的幸福。中国古代宗法制对我国国民性格的塑造也有深刻的影响。从中国古代传统农业社会中衍生出的这种"家国同构"的政治文化和社会文化，长期延续积淀下来，成为中华民族稳固的文化理论和心理结构。在当代，这种文化传统仍然具有较强的生命力和积极的现实意义。

中华民族历来重视家庭建设。正所谓"天下之本在家"。尊老爱幼、妻贤夫安、母慈子孝、兄友弟恭、耕读传家、勤俭持家、知书达礼、遵纪守法，家和万事兴等中华民族传统家庭美德，铭记在中国人的心灵中，融入中国人的血脉中，是支撑中华民族生生不息、薪火相传的重要精神力量，是家庭文明建设的宝贵精神财富。

随着我国改革开放不断深入、经济社会发展不断推进、人民生活水平不断提高，城乡家庭的结构和生活方式发生了新变化。但是，无论时代如何变化，无论经济社会如何发展，对一个社会来说，家庭的生活依托都不可替代，家庭的社会功能都不可替代，家庭的文明作用都不可替代。②

---

① 《礼记·大学》。
② 习近平：《在会见第一届全国文明家庭代表时的讲话》（2016年12月12日），《论党的宣传思想工作》，中央文献出版社2020年版，第281页。

二、家庭是人生的第一个课堂

父母是孩子最好的老师。青少年的良好情绪和行为习惯的形成，根子在家庭教育。每个人成年之后，也许很难想起小时候父母到底如何教育自己的，但每个人最终成长为有独特个性的人，都离不开家庭教育的影响。习近平总书记指出："希望大家注重家教。家庭是人生的第一个课堂，父母是孩子的第一任老师。孩子们从牙牙学语起就开始接受家教，有什么样的家教，就有什么样的人。"①

青少年是每个家庭的未来和希望，更是国家的未来和希望。古人有言："养不教，父之过。"父母对子女的影响很大，往往可以影响其一生。青少年与成年后的不同，很大程度上在于家庭给予每个人的影响不同。然而，这种影响是在不知不觉中进行的。所谓家庭熏陶，其实就是家风教育。因此，父母应该担负起教育后代的责任，继承并弘扬中华优秀家风文化，传承好家教，培育好家风。

中华民族自古就有重视家教和家风建设的传统。唐朝宰相崔祐甫认为家庭教育对于国家来说意义重大："能君之德，靖人于教化，教化之兴，始于家庭，延于邦国，事之体大。"

家教即家庭教育，《中华人民共和国家庭教育促进法》第二条规定："家庭教育是指父母或者其他监护人为促进未成年人全面健康成长，对其实施的道德品质、身体素质、生活技能、

---

① 习近平：《在会见第一届全国文明家庭代表时的讲话》（2016年12月12日），《论党的宣传思想工作》，中央文献出版社2020年版，第282页。

文化修养、行为习惯等方面的培育、引导和影响。"简言之，家庭教育就是指家庭中由家庭成员（主要是父母）实施的教育行为、内容以及过程，是一种社会活动，尤指家长有意识地通过自己的言传身教和家庭生活实践，对子女施以影响的社会活动。

家庭教育涉及很多方面，最重要的是品德教育，即如何做人的教育，也就是古人所说的"爱子，教之以义方"，"爱之不以道，适所以害之也"。家庭教育中，父母要找准立德树人的切入点，帮助孩子扣好人生的第一粒纽扣。习近平总书记曾这样讲自己小时候的事："中国古代流传下来的孟母三迁、岳母刺字、画荻教子讲的就是这样的故事。我从小就看我妈妈给我买的小人书《岳飞传》，有十几本，其中一本就是讲'岳母刺字'，精忠报国在我脑海中留下的印象很深。作为父母和家长，应该把美好的道德观念从小就传递给孩子，引导他们有做人的气节和骨气，帮助他们形成美好心灵，促使他们健康成长，长大后成为对国家和人民有用的人。"[1]

历史上，不少优秀家风、家学经过日积月累，形成了十分厚重的家庭文化。中国古人恪守儒家思想道德观念和为人处世之道，以儒家思想中的修身、齐家、治国、平天下作为自己的终身抱负，并以此严格要求自己及其后代，重视家风文化传承。他们不仅让子女受到正规的学校教育，而且重视家学、包括前辈对后辈的言传身教，并立下各种家规、家训来教育和鞭策晚辈，通过

---

[1] 习近平：《在会见第一届全国文明家庭代表时的讲话》（2016年12月12日），《论党的宣传思想工作》，中央文献出版社2020年版，第282页。

家庭教育来保证家庭、家族的兴旺发达，使家族人才辈出。

家风又称"门风"，指的是家庭（家族）世代相传的风尚，是给家中后人树立的价值准则，堪称一个家庭的精神内核。家风是一个家族代代相传沿袭下来的，体现家族成员的精神风貌、道德品质、审美格调和整体气质。家风的形成往往与一个家族历史上某一个人物出类拔萃、深孚众望而为家族其他成员所宗仰追慕有关，家庭或家族名人的懿行嘉言就是家风之源，再经过家族代代接力式的恪守，流风余韵代代不绝，就形成了一个家族鲜明的道德风貌和审美风范。中国古代很多名门望族都重视家风，尊重家风，像爱护眼睛一样爱护家风，甚至像保护生命一样保护家风，这是中华优秀传统文化的一大亮点和特色。

家风对于家庭成员来说意义非凡。良好家风的建立、传承和熏陶，形成了一种重要的生态环境。家风给予家庭中的每个成员全面、深刻且无意识的教育。寓教育于日常无痕中：有意识的教育其实往往不被受教育者所接受；而无意识的教育才更容易被受教育者所接受，才更有效。

家风是人成长的"磁场"。正如物理学上的磁场现象一样，家风犹如人设的"磁场"，青少年置于家庭"磁场"之中，每天会不由自主地朝着家庭所期望的方向前进，有时候并不需要父母的过度干预和用力。如果家风"磁场"不够强大，或者说家风"磁场"与父母对孩子的期望背道而驰的时候，再多的教育妙招、育人攻略都培养不出优秀的孩子。这就是家风的重要和神奇之处。良好的家风会让孩子学会自我教育，这种教育才是真正有益的教育，是孩子的主动性成长，是孩子需要具备的一种很重要的素质。一个孩子的未来，需要看他自我发展的能力，而自我发展是和自我教育分不开的，优秀的家风可以做到让孩子自我教育、自我发展。

家风是可"继承"的。家风也和生物学基因有相似的地方，可以从上一代传到下一代。当然，在遗传进程中，随着家庭所处环境和时代的变化，也会有一些变化，甚至变异，但最基本、最核心的部分不会改变。如果最基本的核心改变了的话，那就不是家风了。因此家风的建设和传承应该是代代延续的，除家训、家规是家风传承的表达形式外，大部分家风传承往往是口耳相传，存在于日常细微之中的。

当今社会，广大家庭都要重言传、重身教，教知识、育品德，身体力行、耳濡目染，帮助孩子扣好人生的第一粒扣子，迈好人生的第一个台阶。要在家庭中培育和践行社会主义核心价值观，引导家庭成员特别是下一代热爱党、热爱祖国、热爱人民、热爱中华民族。要积极传播中华民族传统美德，传递尊老爱幼、男女平等、夫妻和睦、勤俭持家、邻里团结的观念，倡导忠诚、责任、亲情、学习、公益的理念，推动人们在为家庭谋幸福、为他人送温暖、为社会做贡献的过程中提高精神境界、培育文明风尚。[①]

三、重视家庭建设是中华优秀传统文化的内核

《礼记·大学》中说："所谓治国必先齐其家，其家不可教

---

① 习近平：《在会见第一届全国文明家庭代表时的讲话》（2016年12月12日），《论党的宣传思想工作》，中央文献出版社2020年版，第283页。

而能教人者，无之。"意思是说：要治理好国家，必须先要治理好自己的家庭，因为不能教育好自己家庭的人而能教育好其他的人，这是从来不会有的事情。继承和弘扬中华优秀传统文化，就要继承和弘扬优良家风，重视家庭建设，做家风建设的表率，把修身、齐家落到实处。

家庭是社会的基本细胞，千万个家庭的家风好，子女教育得好，社会风气才有基础。家庭的前途命运同国家和民族的前途命运紧密相连。党的二十大报告强调，要"加强家庭家教家风建设"。在全面推进社会主义现代化强国建设、实现中华民族伟大复兴的伟大征程上，我们要不断从中华优秀传统文化中汲取道德滋养，推动社会主义核心价值观在家庭落地生根，推动形成社会主义家庭文明新风尚。

中华优秀传统文化源远流长，对修身治家、立身处世等方方面面做出了规范，凝结成为崇廉尚洁、戒贪戒污等廉洁文化的思想精髓。要从中华优秀传统文化中汲取道德滋养，就要将家庭家教家风建设深植于中华优秀传统文化沃土，从优良家风中汲取精神养分，培育积极健康的社会主义现代家庭观念。

中华民族历来重视家庭家教家风建设，从孟母三迁、岳母刺字的家教故事，到"杨家儿孙，无论将宦，必以精血肝胆报国"的家风家训，无不体现着向上的家庭追求和高尚的家国情怀，彰显着中华民族的思想智慧和精神力量。中华民族传统家庭美德蕴含着丰富的思想观念、人文精神、道德规范，为新时代加强家庭家教家风建设提供了丰厚文化滋养。我们要深入挖掘和阐发中华优秀传统文化中的思想精粹、道德精华，推动其在新的时代条件下创造性转化、创新性发展，与时代要求相契合、与当代文化相适应、与现代社会相协调，发挥好思想熏陶和文化教育功能，为使千千万万家庭成为国家发展、民族繁荣、社会进步的重要基点提供文化支撑。

家风是社会风气的重要组成部分。家庭不只是人们身体的住处，更是人们心灵的归宿。家风好，则家道兴盛、和顺美满；家风差，难免殃及子孙、贻害社会，正所谓"积善之家，必有余庆；积不善之家，必有余殃"。诸葛亮诫子格言、颜氏家训、朱子家训等，都在倡导一种好家风。好的家风引领向上向善；不良的家风却会败坏社会风气，贻害无穷。从近年查处的案件看，出问题的干部普遍家风不正、家教不严。要引导家庭成员发扬尊老爱幼、男女平等、夫妻和睦、勤俭持家、邻里团结等中华民族传统美德，抵制歪风邪气，弘扬清风正气，以好的家风支撑好的社会风气。

重视家庭建设当以社会主义核心价值观为引领。社会主义核心价值观集中体现了当代中国精神，凝结着全体人民共同的价值追求，是凝聚人心、汇聚民力的强大力量。家庭是人生的第一个课堂，父母是孩子的第一任老师，用什么样的价值观塑造和引领思想品德、行为习惯，直接关系到家庭风气和下一代的健康成长。加强家庭家教家风建设，要坚持以社会主义核心价值观为引领，升华爱国爱家的家国情怀、建设相亲相爱的家庭关系、弘扬向上向善的家庭美德、体现共建共享的家庭追求，引导家庭成员形成积极向上向善的思想观念、精神风貌、文明风尚、行为模式。教育引导家庭成员把爱国和爱家统一起来，把实现个人梦、家庭梦融入国家梦、民族梦之中；重言传、重身教，教知识、育品德，帮助孩子扣好人生的第一粒扣子；倡导忠诚、责任、亲情、学习、公益的理念，推动家庭成员在为家庭谋幸福、为他人送温暖、为社会作贡献的过程中提高精神境界、培育文明风尚。

重视家庭建设，就要弘扬中华民族传统美德，勤劳致富，勤俭持家。勤俭是中国人的传家宝，什么时代都不能丢掉。要大力弘扬中华民族勤俭节约的优秀传统，大力宣传节约光荣、浪费可耻的思想观念，努力使厉行节约、反对浪费在全社会蔚然成风。节约粮食要从娃娃抓起，现在的成年人小时候大都接受了这方面的严格家教，不要说剩饭，就是一粒米家长也不让浪费。"锄禾日当午，汗滴禾下土。谁知盘中餐，粒粒皆辛苦。"[1] 中国文化中有很多关于节约粮食的内容，应该从小给孩子们灌输，弘扬勤俭节约的好风尚。要加强节约粮食工作，从餐桌抓起，从大学食堂和各个单位食堂、餐饮业抓起，从幼儿园、托儿所以及各级各类学校抓起，从每个家庭抓起，让节约粮食在全社会蔚然成风。

要发扬中华民族孝亲敬老的传统美德，引导人们自觉承担家庭责任、树立良好家风，强化家庭成员赡养、扶养老年人的责任意识，促进家庭老少和顺。

要开展以劳动创造幸福为主题的宣传教育，把劳动教育纳入人才培养全过程，贯通大中小学各学段和家庭、学校、社会各方面，引导青少年树立以辛勤劳动为荣、以好逸恶劳为耻的

---

[1] ［唐］李绅《悯农》。

劳动观，培养一代又一代热爱劳动、勤于劳动、善于劳动的高素质劳动者。一个健康向上的民族，就应该鼓励劳动、鼓励就业、鼓励靠自己的努力养活家庭，服务社会，贡献国家。

要教育引导广大妇女自觉肩负起尊老爱幼、教育子女的责任，在家庭美德建设中发挥作用。作为母亲，应该把爱学习、爱劳动、爱祖国的观念从小就传递给孩子，帮助他们形成美好心灵，促使他们健康成长，长大后成为对国家和人民有用的人。

无论过去、现在还是将来，绝大多数人都生活在家庭之中。重视家庭文明建设，就要努力使千千万万个家庭成为国家发展、民族进步、社会和谐的重要基点，成为人们梦想启航的地方。

四、注重家庭、注重家教、注重家风是时代所需

"天下之本在国，国之本在家。"习近平总书记在2018年春节团拜会上的讲话中引用此典故，旨在提醒广大民众注重家庭、注重家教、注重家风，凸显了习近平总书记对家庭建设的重视，阐释了家庭与国家、民族前途命运的密切关系。注重家庭、注重家教、注重家风是时代所需。

人类社会是一个有机体，家庭是社会的一个细胞，每个细胞健康，才能保证整个有机体的健康。建设社会主义精神文明，致力于社会环境改善，必须抓好家庭环境建设。家庭教育关系着孩子的终身发展，关系着千家万户的幸福，关系着社会的和谐稳定。习近平总书记指出：我们每个人都有自己的家庭。健康的家庭生活，可以滋养身心，激励领导干部专心致志工作。

反过来，领导干部的思想境界和一言一行，又直接影响着家庭其他成员，在很大程度上决定着自己的家风家貌。①

重视家庭教育一直以来就是中华民族的优秀传统美德，对中华民族发展和文明繁荣的延续具有重大的意义。家庭是人生的第一所学校，家庭教育是教育的基础和起点，家庭教育奠定个人健康成长的根基。与学校教育和社会教育相比，家庭教育有其特殊的基本规律。家庭教育的根本特征应是生活教育，应引领家长认识到生活教育的重要性并构建合理的家庭生活，为孩子创造健康成长的环境，形成良好的生活行为习惯，在潜移默化中进行品德人格教育和情绪情感教育。

中国自古以来就十分重视家庭教育，注重私德培养和家风熏陶，如三国时期蜀汉皇帝刘备就曾告诫其子刘禅"勿以恶小而为之，勿以善小而不为"②。诸葛亮在《诫子书》中也嘱咐其子"淫慢则不能励精，险躁则不能冶性"。中国人流传至今家喻户晓的优秀家风故事，无不体现了中华民族优良家风源远流长、薪火相传。可以说，家风是不同时代社会道德规范和核心价值观的缩影，具有很强的开放性与发展性。

自古以来，贤妻良母、诚信教子、勤俭持家，都是中华优秀传统文化的重要组成部分。家风作为道德规范和价值观，往往具有权威性、榜样性。北宋杨业家族，三代守卫边疆近百年，忠肝义胆、战功卓著。杨业在与辽军主力作战时，因军力悬殊

---

① 2015年12月28日、29日在中央政治局"三严三实"专题民主生活会上的讲话。

② 《三国志·蜀志·先主传》。

而战死沙场；杨延昭在朔州攻城战中被乱箭射穿胳膊，后因旧疾发作卒于任上；杨文广一生戎马，死于疆场。杨家三代守疆的事迹，堪称典范。近现代以来，以老一辈无产阶级革命家为代表的优秀共产党人将传统与时代精神结合，形成了优良的红色家风。如被民众誉为"延安五老"之一的徐特立，在给子女的家书中写道："你们如果需要我党录用，那么需要比他人更耐苦更努力，以表示是共产主义者的亲属。"他教育女儿勿以父亲为庇荫，而要独立生活、追求进步，彰显了共产党人坚持原则、严肃家风的坦然风骨。

党的十八大以来，习近平总书记多次强调要传承优良家风，对传统文化中的精忠报国、家和万事兴、天伦之乐、尊老爱幼、勤俭持家等予以高度肯定。良好家风是社会和谐和发展进步的基础，弘扬优良家风既是对中华民族传统美德的现代传承，又可为我们立身做人提供有意义的参考。

家风是有延续性的，家风的好坏会通过家庭教育传染和遗传。为人父母者，若为子女计，在此问题上就必须深思、警惕、谨慎，知道趋利避害，知道断恶修善，这是家庭教育的首要问题。所以古人常以忠厚传家、诗书继世，以礼教于子孙，催其上进，使其向善，这是真正地为后世着想。而且，古代家庭教育，历来重义崇道，注重德行，把"做有德君子"作为对子女的基本要求。

领导干部的家风连着党风、政风、社风、民风，直接关系着民心向背与国家政权的稳固。习近平总书记指出：群众看领导干部，往往要看领导干部亲属和身边工作人员，往往从这里来看党风廉政建设的成效。……能不能过好亲情关特别是家属子女关，对领导干部和党员每个人都是很现实的考验。"积善之家，必有余庆；积不善之家，必有余殃。"那些搞违纪违法的人，本想着福星高照，结果家破人亡。[①]

作为党员干部，要坚持从党性原则出发、从维护党的形象出发，对亲属子女严格教育、严格管理、严格监督。中华人民共和国成立初期，毛主席给自己定下三条原则：念亲，但不为亲徇私；念旧，但不为旧谋利；济亲，但不以公济私。毛主席如此，其他老一辈革命家也如此，我们要学习老一辈共产党人的崇高品德和精神风范。

在家尽孝、为国尽忠，是中华民族的优良传统。没有国家的繁荣发展，就没有家庭的幸福美满。同样，没有千千万万家庭的幸福美满，就没有国家的繁荣发展。我们要在全社会大力弘扬家国情怀，培育和践行社会主义核心价值观，弘扬爱国主义、集体主义精神，提倡爱家爱国相统一，让每个人、每个家庭都为中华民族大家庭做出贡献。

要坚持以社会主义核心价值观为统领，树立新时代家庭观，教育引导每一位家庭成员，既要爱小家，也要爱国家，带领家庭成员共同升华爱国爱家的家国情怀、建立相亲相爱的家庭关系、弘扬向上向善的家庭美德、体现共建共享的家庭追求，在促进家庭和睦、亲人相爱、下一代健康成长、老年人老有所养等方面发挥优势、担起责任。

[①] 2015年12月28日、29日在中央政治局"三严三实"专题民主生活会上的讲话。

五、家风建设是基层治理的重要内容

基层强则国家强，基层安则天下安。党的二十届三中全会通过的《中共中央关于进一步全面深化改革 推进中国式现代化的决定》指出：健全发挥家庭家教家风建设在基层治理中作用的机制。这就将家庭家教家风建设在加强和创新基层治理中的重要意义提升到新高度。

基层治理是国家治理体系和治理能力现代化的基石。推进社会治理，重点在基层，难点也在基层。家庭作为社会的基本细胞，在基层治理中承载着独特的使命和功能。基层社会治理首先要关注家庭，家庭在基层社会治理中发挥着独特作用，二者之间存在着互构与耦合的关系。基层治理的起点在每一个家庭，以家庭家教家风建设为重要抓手推进基层治理，是实现国家治理体系和治理能力现代化的基础工程。健全发挥家庭家教家风建设在基层治理中作用的机制，需要从家庭、家教、家风建设三方面入手。

家庭是基层治理的重要参与者和推动者。无论时代如何变化，家庭所承担的生育、抚养、教育、赡养、精神慰藉与情感交流等功能都不可替代。家庭功能的正常发挥直接影响到个体幸福、家庭和谐与社会稳定大局。只有更加重视家庭建设，才能让千千万万个家庭成为国家发展、民族进步、社会和谐的重要基点。

我国当前有近 5 亿家庭，家庭与社会是同步发展的关系。当前，家庭在结构、功能、观念等方面都发生了很大变化，如

规模变小、网格化等，需要基层治理创新理念加以应对，更要加强对家庭全方位的重视与支持。好家庭、好家教、好家风是基层治理的"稳定器"，家庭和睦，社会才能和谐；家教良好，未来才有希望；家风纯正，社风才会充满正能量。通过好家庭、好家教、好家风建设提高我国人民的道德水准和文明素养，有助于建设人人有责、人人尽责、人人享有的社会治理共同体。

父母对孩子的言传身教、潜移默化的影响是其他教育无法取代的。家庭教育是一切教育的起点和基础，是为基层治理培育合格公民必不可少的一环。家庭培育出能够担当民族复兴大任的时代新人，是推进基层治理的基础性工程，事关党和国家事业后继有人以及国家和民族的前途命运。家庭建设要重视家庭健全结构和家庭友好型社会的双重构建，让家庭更加完整和健全，具备更强的发展能力，从而支持强国建设和民族复兴，从实现人口高质量发展的角度来推动中国式现代化进程。

在家庭教育上，需要进一步提升家庭教育、学校教育与社会教育一体化建设的水平和协同发展。在教育中，家庭教育应该处于最重要的地位，家庭教育内容应以德育为主，而不是以学习成绩为主。如果教育目标不一致，就会削弱家庭教育在基层社会治理中的作用。要以健康积极的家庭教育为后续的学校教育和社会教育奠定基础和方向，家庭教育要从被动化为主动，向学校教育和社会教育提出要求，共同完善学校教育、社会教育的机制体制。要以《中华人民共和国家庭教育促进法》为根本遵循，发扬中华民族重视家庭教育的优良传统，引导全社会注重家庭家教家风，增进家庭幸福与社会和谐。

家风是一个家庭的精神内核，彰显一个家庭的价值取向、文化传承和精神风尚，是党风、政风、社风、民风的根基。良好家风是维系社会秩序和国家凝聚力的精神力量，可以为基层治理提供道德滋养，推动基层治理固本培元。良好家风不仅能教育引导人们自觉履行法定义务、家庭责任与社会责任，还能促进良好党风政风的形成，汇聚清正廉洁的正能量，支撑起好的社会风气，提升基层治理效能。

在家风建设上，要大力弘扬好家风，让好的家风来支撑优秀传统文化。要在家庭内部重视家风建设，在行为实践中探讨良好的家风，同时要向社会弘扬良好家风，让好家风变成社会好风气的重要来源。同时，要加强家风、校风、行风、政风与党风之间的对接和转化，推动家庭美德、职业道德和社会公德的提升，不仅要将良好的家风向外延伸和发扬光大，也需要以党风政风建设的优秀成果反哺家风建设，通过双向互动让好家风产生更大的社会影响，共同营造社会主义家庭文明新风尚。

家庭家教家风建设是家事，也是国事。健全发挥家庭家教家风建设在基层治理中作用的机制，就需要让家庭家教家风建设真正落地。要充分厘清谁来健全、健全什么、怎么健全的问题，进一步完善和丰富相关政策举措，探索不同年龄、城乡之间存在的不同机制与途径。如关注一老一小问题，通过强化基层社会治理手段、提升治理能力的现代化水平，社区面向家庭提供育儿服务与养老供给，提升家庭育婴和养老照护水平等。同时，也要关注上有老、下有小的中青年人，关注他们的劳动就业、职业发展、婚姻幸福等。基层治理需要主动构建家庭友好型社会，家庭支持政策应该在基层落地，帮助解决每个家庭所面临的现实问题，为每个家庭搭建平台、提供机会和服务，教育引导每个家庭积极参与到家庭友好型社会的构建中，了解和运用相关政策资源。

家和万事兴，家齐国安宁。家庭是基层治理的重要阵地，家庭工作既关联着党和政府工作大局，也关乎亿万家庭的幸福生活，要以改革创新精神推进家庭建设，有效发挥家庭家教家风建设在基层治理中的作用。要深入学习贯彻习近平总书记关于注重家庭家教家风建设的重要论述和指示精神，充分认识家庭在基层治理中所承载的重要功能，进一步明确家庭家教家风建设在基层工作中的重要地位，把家庭工作摆在突出位置，持续加大工作力度，创新工作载体，丰富工作内涵。要深入探索发挥家庭家教家风在基层治理中重要作用的平台和载体、路径与方法，突出需求导向，认真研究家庭领域出现的新情况、新问题，深入了解不同家庭类型的多元化需求，不断满足广大家庭对美好生活的向往，不断夯实基层治理基础，特别是要注重引领广大妇女在家庭建设中当主角、唱大戏，以小家庭的和谐共建大社会的和谐，为推进国家治理体系和治理能力现代化做出新贡献。

六、家风建设是党员干部作风建设的重要环节和全面从严治党的重要抓手

习近平总书记在二十届中央纪委三次全会上强调："要注

重家庭家教家风，督促领导干部从严管好亲属子女。纪检监察机关要将家风建设作为新形势下深入推进党风廉政建设和反腐败斗争的重要内容，久久为功持续推进，善作善成树立新风。"这充分说明家风建设是当今社会发展不可或缺的重要内容，是党风廉政建设和反腐败斗争的重要组成部分，是全面从严治党的重要抓手。

习近平总书记曾这样告诫各级党员干部："必须管好亲属和身边工作人员，决不允许他们擅权干政、谋取私利，不得纵容他们影响政策制定和人事安排、干预正常工作运行，不得默许他们利用特殊身份谋取非法利益。"[1]

能不能过好亲情关，特别是家属子女关，是很现实的考验。习近平总书记指出：各级领导干部要保持高尚道德情操和健康生活情趣，严格要求亲属子女，过好亲情关，教育他们树立遵纪守法、艰苦朴素、自食其力的良好观念，明白见利忘义、贪赃枉法都是不道德的事情，要为全社会做表率。[2]

家风是社会风气的重要组成部分，连着党风、政风、社风、民风，彼此相互影响、相互渗透。家风建设是文化传承的重要途径，是基层治理的重要组成部分，更是党员干部作风建设的题中之义、全面从严治党的重要抓手。领导干部的家风，不仅关乎自己的家庭，而且关乎党风、政风、社风和民风。党的作风就是党的形象，关乎人心向背，关乎党的执政基础。

---

[1] 习近平：《加强纪律建设，把守纪律讲规矩摆在更加重要的位置》（2015年1月13日），《论坚持党对一切工作的领导》，中央文献出版社2019年版，第93页。

[2] 习近平：《在会见第一届全国文明家庭代表时的讲话》（2016年12月12日），《论党的宣传思想工作》，中央文献出版社2020年版，第284页。

党的十八大以来，以习近平同志为核心的党中央高度重视家庭家教家风，把家风建设作为领导干部作风建设的重要内容来抓。习近平总书记多次发表重要讲话，要求各级领导干部带头抓好家风、广大家庭弘扬优良家风。可以说，当前我国家风建设的重点对象是领导干部及其亲属、子女和身边工作人员。领导干部要廉以修身、廉以持家，培育良好家风；要身体力行，涵养好家风，传承好家风，以好家风带动党风、政风、社风、民风向善向上。为此，《关于新形势下党内政治生活的若干准则》《中国共产党纪律处分条例》等党内法规都对这方面做出了明确规定。党中央最近印发的修订后的《中国共产党纪律处分条例》，对共产党员干部的家庭建设和家教家风提出了更高的规定和要求。2024年全党全面开展党纪学习教育，这是加强党的纪律建设、推动全面从严治党向纵深发展的重要举措，也是一项重要政治任务，旨在教育引导广大党员干部进一步学纪、知纪、明纪、守纪。传承好家教、培育好家风是党员干部作风建设的一个重要途径。

习近平总书记要求每位领导干部都要把家风建设摆在重要的位置。要做到廉以修身、廉以持家，培育良好家风，教育督促亲属子女和身边工作人员走正道。领导干部特别是高级干部要明大德、守公德、严私德，做廉洁自律、廉洁用权、廉洁齐家的模范。增强推进党的政治建设的自觉性和坚定性。

党员领导干部要把对党忠诚纳入家庭家教家风建设，引导亲属子女坚决听党话、跟党走。要抓好纪律教育、政德教育、家风教育，深化以案为鉴、以案促改，引导党员、干部正确处理自律和他律、信任和监督、职权和特权、原则和感情的关系，筑牢拒腐防变的思想道德防线。

领导干部的家风，不仅关系到自己的家庭，而且关系到党风政风。各级领导干部特别是高级干部要继承和弘扬中华优秀传统文化，继承和弘扬革命前辈的红色家风，向焦裕禄、谷文昌、杨善洲等同志学习，做家风建设的表率，把修身、齐家落到实处。

当前家风建设中，要紧紧抓住领导干部这个"关键少数"，教育引导领导干部传承弘扬中国古代家规文化和革命前辈的红色家风，重家教、严家规、守家训，把爱党、爱国和爱家有机结合起来，划清公与私、情与法、善与恶的界限；要学习中华优秀传统文化，继承和弘扬革命前辈的红色文化，让红色之魂植根于家风建设之中，将红色基因融入党员干部血脉，推动形成爱国爱家、相亲相爱、向上向善、共建共享的社会主义家庭文明新风尚；要把家风建设与党的建设、党风廉政建设和反腐败工作有机融合起来，树立起重视家风家教的鲜明导向。领导干部应把家风建设作为人生的必修课，正确对待和处理好工作与家庭之间的关系，避免造成权力家庭化现象，避免为行贿者、官员亲属提供便利条件，进而演化为家族式腐败；同时，应建立科学合理的回避制度，最大可能防范家庭式腐败的发生。

领导干部还要时刻牢记自己是人民的公仆，没有任何搞特殊化的权利，要带头执行廉洁自律准则，自觉同特权思想和特权现象做斗争。同时，要注重家庭家教家风，教育管理好亲属和身边工作人员，筑牢拒腐防变的思想防线和制度防线，坚持一体推进"不敢腐、不能腐、不想腐"，通过营造"从严治家"好家风，推动全面从严治党各项部署要求的落地落实。

第二章　家国同构：家风文化与中国社会

所谓家国同构，是说家和国在伦理和制度上的统一，即家庭是缩小了的国家，国家是扩大了的家庭。在家国同构理论框架下，宗法制、家长制、等级制是家和国共同具有的制度，"三纲五常"是家和国共同遵循的伦理准则。作为伦理团体的家庭，不但有和国家相当的制度，而且也有和国家相当的家法、家规。

家法、家规实际上是国家制度在家庭、家族范围内的进一步延展，其延续是通过家风传承来实现的。而家风是指一个家庭或家族的传统风尚或作风，主要包括这一家庭或家族世代相传的道德规范、行为准则及处事方法等。家是每个人成长的第一人文环境，家风则是这一人文环境的重要内容。

一、国之本在家，家之本在身

古代儒家以为，在"天下大同"的古代社会，"天下为公"是人们的价值核心。而到了"小康"社会，出现了家庭和国家，而且国家成了一家一姓的天下，人们的价值核心就由"天下为公"变为"天下为家"。《礼记·礼运》："今大道既隐，天下为家。各亲其亲，各子其子，货力为己。大人世及以为礼，城郭沟池以为固，礼义以为纪，以正君臣，以笃父子，以睦兄弟，以和夫妇，以设制度，以立田里，以贤勇智，以功为己。"

这些君臣、父子、兄弟、夫妇等社会关系的出现，是家庭、国家形成的标志，而"天下为家"则表明国家统治权为一家独占，权力按照父死子继、兄终弟及的原则世袭相传。所有礼仪规范、制度设施则是适应维护家、国等级秩序的需要而产生的，家风家训也是如此。

在家国同构理论架构内，强调伦理、政治的统一，但并不是把家和国完全等同起来。家庭重伦理而国家重制度，家庭重血缘而国家重地缘，家庭私而国家公。因此国与家之间会存在公与私的利益矛盾和忠与孝的道德冲突。如何处理这一问题，就成为思想家们要解决的一大问题。

《孟子注疏·卷七·离娄章句上》书影

中国传统社会是农业宗法社会，在小农经济下，建立在血缘、婚姻基础上的家族是社会构成的基本细胞，同时也是国家政权的基础和支撑。《孟子·离娄上》曰："天下之本在国，国之本在家，家之本在身。"充分强调了家的地位和作用。从大处说，家是国家构成的基础，是社会稳定和发展的基本元素。从小处讲，家是每个人成长的第一人文环境，是"修齐治平"的依托所在。孟子指出了家与国的关系，并重视家在国家治理

《礼记》书影

中的地位和作用，这一思想对后世历代治国方略的制定产生了重大影响。

与孟子家国关系相对应的是中国的家庭教育，它主要包括修身和齐家两个方面，格外重视修身、齐家、治国、平天下的递进关系，只有身修、家齐，才能实现国家的长治久安和天下永久的太平。《礼记·大学》曰："古之欲明明德于天下者，先治其国；欲治其国者，先齐其家；欲齐其家者，先修其身；欲修其身者，先正其心；欲正其心者，先诚其意；欲诚其意者，先致其知，致知在格物。物格而后知至，知至而后意诚，意诚而后心正，心正而后身修，身修而后家齐，家齐而后国治，国治而后天下平。"家是国的缩影，把自己的家经营好了的人也可以把国治理好。一个能把国治理好的人，也能协助天子达至天下太平。

在家国关系上，贾谊提出了"国而忘家，公而忘私"[1]的

---

[1] 《汉书·贾谊传》。

思想。在家族与国家利益出现冲突时，要以国为重；在家庭伦理与国家礼仪相冲突时，要"舍孝从忠"。西汉大将霍去病在与匈奴作战中击溃斩杀了10余万人，取得了巨大胜利。汉武帝为表彰其战功，专门为他建造了富丽堂皇的宅院府第，霍去病坚辞不就，并气概豪壮地说道："匈奴未灭，何以家为？"这就是"国而忘家，公而忘私"的具体体现。

《汉书·卷四十八·贾谊传》书影

既然"国之本在家"，那么国和家就有更多的一致性，在家"尽孝"，在国"尽忠"，家族的兴衰与国家的命运始终休戚相关。如曲阜孔氏家族的兴盛始于汉代，其根本原因是汉武帝时"罢黜百家、独尊儒术"的政治文化转型。汉初，国家经过七十年的发展，政治经济得以稳定，政治文化需要转型，而儒家文化正适应了这一政治需要，儒家思想与封建政治有机地融合在一起。作为儒家学派创始人孔子的家族，自然而然受到社会的尊重。自汉代以后，历朝历代都尊孔崇儒，曲阜孔氏家族也在国家机器的推动下走向繁荣昌盛。再如邹城孟氏家族的兴盛则是始于宋代。中国社会经过唐末五代长期的动荡，已有的封建伦理纲常遭到破坏，加之经济结构、政治体制的变化和佛教的传入，对传统儒学造成了严重的冲击，在这种背景下，需要建构新的封建伦理秩序，孟子的思想被时代推抬出来。"为天地立心，为生民立命，为往圣继绝学，为万世开太平"的使命自然而然落到后儒身上。于是自唐代韩愈到宋代周敦颐、"二程"、朱熹，都不遗余力地推崇孟子。原本属于子书的《孟子》也被列入经书，成为重要的儒家经典。朱熹更是把《论语》《孟子》《大学》《中庸》编为"四书"，在"四书"经典体系中，《孟子》得以与《论语》相提并论，《孟子》升格了，孟子家族的地位也就随之提升了。

所谓"家之本在身"，强调的是修身在家庭、家族发展中的地位和作用。所谓"修身"，就是修养身性，躬行实践，塑造德才兼备的完美人格。"任何一个人，无论是至尊君王还是普通百姓，要达到至善之境，都必须以修身作为立身处事根本。齐家，指的是以礼教来规范父子、兄弟、夫妇等各种人伦关系，和睦家庭，端正门风。齐家处于修身、治国的中间链条，既是修身的目标，又是治国的基础。身修，则家可教；家齐，则国可治。而践行孝悌之道，就是由修身、齐家而达于治国、平天下的重要途径。"[①] 所以，修身是家训家风的重要内容。

诸葛亮临终前作《诫子书》给儿子诸葛瞻，开篇就说："夫君子之行，静以修身，俭以养德。非淡泊无以明志，非宁静无以致远。"南朝宋时期的文学家颜延之作《庭诰》曰："喜怒者有性所不能无，常起于褊量，而止于弘识。然喜过则不重，怒过则不威，能以恬漠为体，宽愉为器者，则为美矣。大喜荡

---

① 周海生：《嘉祥曾氏家风》，人民出版社2015年版。

心，微抑则定；甚怒烦性，小忍则歇。故动无愆容，举无失度，则物将自悬，人将自止。"光绪三十二年编《孟子世家流寓湖南支谱》所收《家规二十条》第八"立品"条曰："矜奇炫异，固圣贤所不为；砥节砺行，亦君子所必勉。盖品行不端，则饰诈钓名，不顾纲常名教。屈节阿世，只图功利权谋。玷辱祖宗，败坏家声，莫此为甚。亚圣祖曰：富贵不能淫，贫贱不能移，威武不能屈，此之谓大丈夫。"在这些经典家训中，无不把修身作为教诫子孙后代的重要内容。总之，修身是齐家、治国、平天下的前提，没有道德修养，其他都是空谈，这就是孟子所说的"家之本在身"。

二、耕读立家与道德传家

家风在中国长期的封建社会中，起到增强民族凝聚力、维持社会稳定、激发个人对家国献身精神等积极作用。中国历代文化世家的家风家训，虽各有特点，但从整体上看又有很大的共性。一是耕读立家，二是道德传家。"以农立家，以学兴家，以仕发家，以求家庭的稳定与繁荣"①，是中国古代大多数文化世家发展的基本轨迹。

在小农经济下，农业经营是家族发展的基础，人才兴旺是家族发展发达的前提，所以历朝历代大家族的家训家风中，都有"耕读"的内容。明末清初理学家张履祥在《训子语》里说"读而废耕，饥寒交至；耕而废读，礼仪遂亡"。清《睢阳尚书袁氏（袁可立）家谱》曰："九世桂，

---

① 王志民：《中国名门家风丛书·序》，人民出版社2015年版。

字茂云,别号捷阳,三应乡饮正宾。忠厚古朴,耕读传家。"《曾国藩家书》曰:"久居乡间,将一切规模立定,以耕读二字为本,乃是长久之计。"

"耕读"是指既从事农业劳动又读书或教学。既然"耕读传家",耕读也就成为人们的生活方式。晋代陶渊明是典型的田园诗人。他"既耕亦已种,时还读我书"。陶渊明41岁辞官,过了20多年的耕读生活。宋代辛弃疾退职后居住在江西农村。他把上饶带湖的新居名之曰"稼轩",自号稼轩居士,"意他日释位后归,必躬耕于是,故凭高作屋下临之,是为稼轩。田边立亭曰植杖。若将真秉耒之为者"。南宋陈旉隐居扬州,过着耕读生活,"躬耕西山,心知其故",既教书又务农,"学稼数年,咨访得失,颇知其端","因以身所经历之处与老农所尝论列者,笔其概",48岁时写成了《补农书》。明代徐光启19岁中秀才后,一边教书,一边耕作。中进士后,在做官的29年里,有13年是在进行农业研究,甚至亲自垦田种稻。清代包世臣,自幼跟随父亲边劳动边读书。早起读书,饭后下地劳动,晚上读书到深夜。30岁中举,在官府当幕僚,仍然关心农业生产,亲自推广农业生产技术。

[明]张履祥《训子语》书影

从历史上看，大多数家族发展的初期，均从事农耕，以农致富。当家族财富积累到一定程度时，便有从富到贵的心理需求。这一需求的满足，则靠家族成员通过读书做官，唯有如此，家庭发展才可能发生质变，才可能完成从"富"到"贵"的蜕变。

读书是出仕的前提，所以大多数家族对读书十分重

［清］曾国藩《曾文正公家书》书影

视，并将其作为教育子孙的重要内容。四川《富顺西湖曾氏祠族谱》所收《家条十诫》曰："同族之人，当以读书为上，投明师，交益友，通五经之理，详六艺之文，究诸子百家之言，黜异端邪说之弊。居家可以教子弟，庭训堪型；用世可以事明君，尽忠报国。显亲扬名，此其最也。不然愚何以明，柔何以强，吾族何以有光哉！为子孙者，宜深致思焉。"湖南孟氏《家规十二条》之《劝学》曰："业精于勤荒于嬉，行成于思毁于随。虽有至道，弗学不知其善也。道岸有何止境？宜防一篑之亏。修途无可息肩，必切三余之足。勿以利钝丧志，勿以贫富易心，勿以毁誉萦怀，勿以穷通系念。从来岁月易催，人对黄卷青灯，须惜寸阴尺璧。莫谓文章无定价，到龙楼凤阁，方知一字千金。然则读圣贤书可不专心致志，而纯盗虚声哉？亚

圣祖曰：学问之道无他，求其放心而已矣。"

在劝学家训的影响下，几乎每个大的文化世家都有勤学苦读之人。王瞻出身于琅玡王氏，在士族门阀时代，仅凭出身就可以为官，年幼时轻薄游逸，年长后却折节读书，十分刻苦。在随老师读书时，有歌伎从师塾门前经过，同学们都出门观看，只有王瞻头也不抬，读书如

陶渊明像

故。他的堂伯父听说这件事后，对王瞻的父亲王猷说："要维持我们家族长久不衰，就靠你们家这个王瞻了。"由此可见，在人们的心目中，读书对家族长久延续十分重要。

优良家风既是一个文化世家兴盛之因，也是其永续发展之基。越是成功的家族，越是注重优良家风的培育与传承；越是注重优良家风的传承，越能促进家族的永续繁荣发展，从而形成良性的循环往复。在家风传承中，道德是根本，是家风传承的首要内容。

道德传承是家风传承的核心。北齐颜之推《颜氏家训·名实》叙说名实关系时曰："名之与实，犹形之与影也。德艺周厚，则名必善焉；容色姝丽，则影必美焉。今不修身而求令名于世者，犹貌甚恶而责妍影于镜也。上士忘名，中士立名，下

士窃名。"曾国藩在《诫子书》中曰："慎独则心安。自修之道，莫难于养心；养心之难，又在慎独。能慎独，则内省不疚，可以对天地、质鬼神。人无一内愧之事，则天君泰然，此心常快足宽平，是人生第一自强之道，第一寻乐之方，守身之先务也。"主张以道德修养涵养气质，强调"慎独"在修身中的重要性。总之，"道德传家"是历代家风家训的核心。

三、家风与经学世家

汉武帝时期"罢黜百家，独尊儒术"，开始了政治文化转型，在任官制度上，除原有的恩荫、任子、訾选、征辟制度外，还实行察举、上书拜官等制度，于是一些下层知识分子通过上书或察举取得官职，甚至是高级官职。随着对选官制度的改革，汉代最终完成了从功臣政治向贤人政治的转变。

公孙弘是汉武帝政治文化转型时期的典型代表。公孙弘本为薛县（今山东滕州）狱吏，因罪免职，以放猪为生。由于他精通《公羊传》，射策时取得了甲科的好成绩，拜为博士，待诏金马门，任左内史。元朔三年（前126），迁御史大夫。元朔五年（前124），公孙弘提出并拟定了为"五经博士"设弟子员的措施，以及为在职官员制定了以儒家经学、礼义为标准的升官办法和补官条件，得到汉武帝的认可。这年的十一月，公孙弘正式拜相，成为汉朝首位布衣丞相，并被册封为平津侯。其前封侯者都是皇亲国戚或功臣，而公孙弘从一介平民，通过研究《公羊传》射策甲科而做官，一步步升任丞相并被封为平津侯，这在当时产生了极大的轰动。精通儒家经典就可以做官成为共识，有民谣曰，"遗子黄金满籝，不如教子一经"，于是天下学士，靡然向风，学习研究儒家经典成为风尚。

由于儒家经典博大精深，难以一时精通，许多人穷一生精力研读儒家经典，又由于通经可以做官，传授子孙研读经书也就成为必然，"累世经学"的直接后果便是"累世公卿"，于是经学世家出现了。

在中国经学史上，济南伏氏家族是不可或缺的一环。秦始皇焚书坑儒，使中国典籍面临着严重的破坏，伏生冒着生命危险把儒家经典《尚书》保存了下来。《尚书》是"六经"之一，是儒家的重要经典，也是中国古代重要的政治文集和珍贵的历史文献。伏生自汉初就在齐鲁之间传授《尚书》，为《尚书》的传授做出巨大贡献。《史记·儒林列传》曰："汉兴，伏生求其书，亡数十篇，独得二十九篇，即以教授齐鲁之间，学者由是颇能言《尚书》，诸山东大师无不涉《尚书》以教矣。"《汉书·儒林传》亦曰"言《书》自济南伏生"，充分肯定了

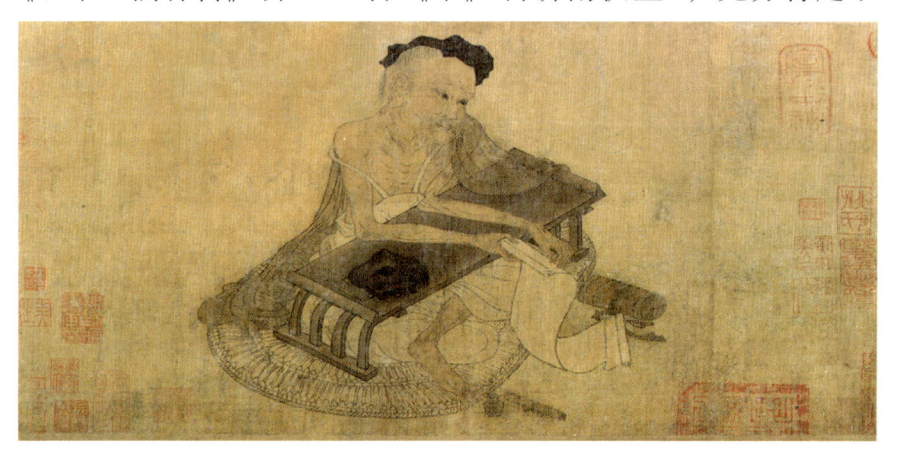

［唐］王维《伏生授经图》（传）

伏生在《尚书》传承上的贡献。随着汉武帝时期"罢黜百家、独尊儒术"的政治文化转型，伏氏家族也成为两汉时期著名的经学世家。汉武帝时，伏生的儿子伏理举家迁居东武（今山东诸城），伏理学《诗》于汉元帝的丞相匡衡，曾为汉元帝讲授过《诗》，为当世名儒，官至高密太傅，当时齐地诗界有"匡伏之学"。

伏理的儿子伏湛，汉成帝时为博士弟子，西汉末年任平原太守，光武帝刘秀即位后，以伏湛硕儒，征拜尚书。当时大司徒邓禹西征关中，光武帝认为伏湛堪任宰相，拜为司直，行大司徒事。每当皇帝亲征，则由伏湛留守，总摄群司。建武三年（27），代邓禹为大司徒，封阳都侯，建武六年（30）封不其侯。其子伏隆，初为郡督邮，后拜太中大夫，持节巡视青徐二州，招降郡国，为光武帝平定天下立下巨功，官拜光禄大夫。

伏湛的侄子伏恭，字叔齐，跟随伏黯学《诗》。伏黯讲《诗》十分繁杂，伏恭删繁就简，作《齐诗章句解说》九篇，定为二十万字，使之传世。伏恭以父恩荫为郎官。建武四年（28），出

［明］杜堇《伏生授经图》

为剧县（今山东寿光南）令，以廉洁闻名。明帝时拜为大司空。

伏湛的玄孙伏无忌，经学传家，博物多识，汉顺帝时官至侍中、屯骑校尉。汉顺帝永和元年（136），奉诏与议郎黄景、崔寔等人校定"五经"和诸子，共撰《汉记》。此后，伏无忌又采集古今文献，删繁就简，著成《伏侯注》八卷，又称《伏侯古今注》。此书对"上自皇帝，下尽汉质帝"① 的帝号、天文、郡国、陵寝、祭祀、制度、灾异、祥瑞等进行了记载，原书已佚，清人有辑本，是研究汉代历史的重要文献。伏无忌之孙伏完，亦是经学大家，尚汉桓帝女阳安长公主，官侍中，后拜辅国将军。其女伏寿为汉献帝皇后。

自伏生以后，伏氏家族历两汉四百余年，世传经学，累代公卿，号称"伏不斗"，成为著名的经学世家。

伏生在济南地区传授《尚书》，对济南地区人文气息的形成发挥了巨大作用。元人程文《遂闲堂记》曰："济南并东海为郡，有崇山巨浸，其人敦厚阔达而多大节。自伏生以经术开教，俗尚文儒，盖自古称之矣。"李祁

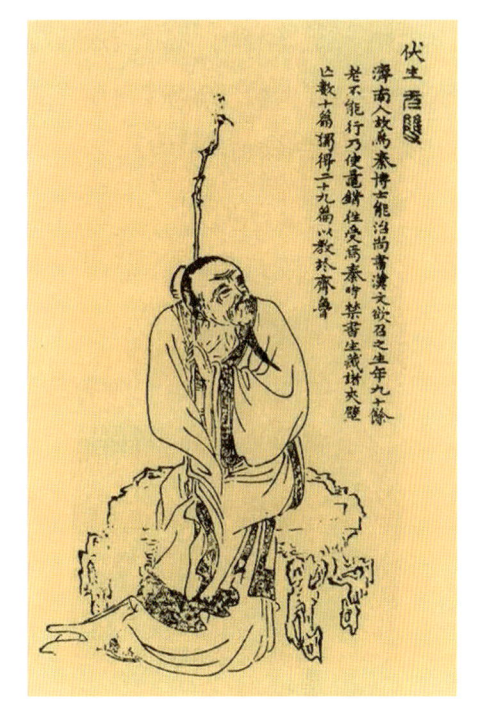

伏生像

① 《后汉书·伏无忌传》注。

《云阳集》曰："济南古称天下名郡，以邹鲁属焉故地……而伏生以口授《尚书》为千万经师之首，其他醇儒庄士，有节义名检者无代无之。信呼天下之名郡，无以加此。"充分肯定了伏生在济南历史文化积淀中无可取代的地位。清代，济南有祭祀伏生的专祠，很多诗作表达了对伏生的尊敬和感念，如清代诗人陈永修《伏博士古祠》诗曰："不断经香传海岱，有谁俎豆绍春秋。我来庑下肃瞻拜，今古茫茫寄兴幽。"[1]

四、家风与士族门阀

士族，指东汉、魏晋以来的门阀阶层，或称世族、势族等。门阀，是门第和阀阅的合称，指世代为官的名门望族。"九品中正制"是魏晋时期门阀制度下的选官制度，造成了朝廷重要官职往往被少数士族门阀所垄断的局面。直到唐代，门阀制度才逐渐被科举制度所取代。

魏晋南北朝时期的士族门阀，主要有琅玡王氏、清河崔氏、陈郡谢氏、陈郡袁氏、兰陵萧氏、泰山羊氏等，其中以琅玡王氏最具典型性。

士族的发展和取得的成就固然与其出身有很大的关系，但如果仔细研究不同的士族成员，就会发现其人生的发展轨迹与家风传承密切相关。家风是家族文化的灵魂，是一个家族社会观、人生观、价值观的凝聚。例如，琅玡王氏家族成员取得卓越成就，其家风传承就发挥了至关重要的作用。

书法是琅玡王氏最突出的艺术成就，王羲之、王献之父

---

[1] 《鲍西楼诗草》。

子在中国书法史上以其卓越的书法成就被后人尊称为"二王"。王羲之被称为"书圣"。他七岁时便在父亲王旷的指导下练习书法,可以说王旷是王羲之书法的启蒙人。王羲之的叔父王廙工于书画,被称为"江左第一",王羲之大约在15岁时跟其学习。王廙曾画《孔子十弟子图》以激励王羲之,并在画赞中谆谆告诫王羲之:"欲汝学书,则知积学可以致远。"王羲之自幼受学于父亲王旷和叔父王廙,其子王献之又受其影响酷爱书法。王献之擅长楷、行、草等多种字体。王氏家族不仅培养出王羲之、王献之这样的书法大家,还造就了一个热爱书法的群体,家族成员中的王戎、王衍、王筠、王褒等都在书法艺术上取得了巨大成就,王献之的女儿安僖皇后王神爱,"亦善书"[1]。这一现象的出现,与王羲之家族世代习书的家风有密切的关系。书法不仅仅是这一世族群体追求精神生活的体现,也是琅邪王氏代代相传的家族艺术。

在山东临沂兰山区白沙埠镇有个孝友村,村内建有孝友祠,

王羲之像

---

[1] [唐]张怀瓘:《书断》。

村是为了追念王氏家族孝敬父母、友爱兄弟而名，祠是为了追念王氏家族孝敬父母、友爱兄弟而建，一村一祠是琅琊王氏孝友家风传承的文化积淀。王羲之的族曾祖父王祥，汉末为避战乱隐居二十余年；西晋时官拜太保，进封睢陵公。东晋干宝《搜神记》记载："父母有疾，（王祥）衣不解带，汤药必亲尝。母尝欲生鱼，时天寒冰冻，祥解衣，将剖冰求之。冰忽自解，双鲤跃出，持之而归。"《搜神记》这段记载，被房玄龄收录到《晋书》中，后来王祥孝亲的故事又被编入"二十四孝"，王祥成为孝亲的典范。

王祥不仅自己孝亲至诚，他还将孝亲作为家训以教诲子孙。他在《训子孙遗令》中说："言行可覆，信之至也；推美引过，德之至也；扬名显亲，孝之至也，兄弟怡怡，宗亲欣欣，悌之至也。临财莫过乎让。此五者，立身之本。"将"孝"作为家训的重要内容。正是由于家风家训的浸染，琅琊王氏家族孝子迭出，甚至孩童也懂得孝事父母。王僧祐的

王羲之故居（山东临沂）

父母去世时，他尚未弱冠（不到20岁），由于居丧期间悲伤过度，头发掉光，以致无法戴上帽子；居丧期满后被任命为骠骑法曹，又因过度瘦弱而无法受命，被誉为"至孝之子"。王僧虔的儿子王慈，八岁时曾到外祖父江夏王刘义恭家中，外祖父让他挑选自己喜欢的东西，可随便带走。还是孩童的王慈却只挑选了一个砚台、一把素琴和一幅《孝子图》。王慈的弟弟王志，母亲去世时年仅9岁，悲伤过度以致容颜憔悴。王训是王俭的孙子，自幼聪颖，被梁武帝称为"相门之相"，家族的人也都把他视为家族复兴的希望。父亲去世时王训年仅13岁，因服丧期间哀毁过度，以致族人都认不出他了。

王祥之后的王戎也以孝出名，被称为"死孝"。王戎不仅是高官，还是名士。他与嵇康、阮籍、山涛、向秀、刘伶、阮咸等人，常在山阳县（今河南焦作修武县）竹林之下，饮酒纵

孝友祠（山东临沂）

歌，肆意酣畅，世称"竹林七贤"。王戎在为母亲守丧期间，按常规应该严格按照儒家伦理道德的要求规范自己的言行，"孝子之丧亲也，哭不依，礼无容，言不文，服美不安，闻乐不乐，食旨不甘，此哀戚之情也。"① 但是王戎照常喝酒吃肉，观棋对弈，和平时没有两样。奇怪的是，王戎却身体羸弱，面目憔悴，拄杖才能站立。名士裴頠前去吊唁，指责王戎不节饮食是没有遵守居丧的礼节。在王戎为母居丧期间，另一名士和峤也在为父守丧，和峤量米而食，睡卧草席，却没有像王戎那样面目憔悴，身体也没有哀毁。晋武帝听说和峤节食守丧，对大臣刘毅说："和峤守丧的规矩比礼法的要求还严格，我真担心他的身体啊！"刘毅却回答说："和峤居丧时睡卧草席并量米而食，只是按照礼法要求而已，不过是生孝。王戎虽喝酒吃肉，却内心悲哀，是真情之孝，是死孝。"

王氏家族不仅以孝亲闻名，兄弟之间的手足之情也堪称楷模。王览与同父异母的哥哥王祥相差21岁，当时母亲朱氏对继子王祥十分苛刻，经常鞭笞王祥。年幼的王览见状，就抱着哥哥痛哭，稍微年长后屡次劝谏母亲。当母亲让哥哥王祥干一些脏活、重活时，王览就主动与哥哥一起去干，朱氏担心亲生儿子受罪，也就减少了对王祥的折磨。父亲王融去世时，王祥已经颇有名声，朱氏担心王祥功成名就后排斥自己，便企图用鸩酒毒杀王祥。王览发觉后，不便直接揭发母亲的行径，为了保护王祥，就与王祥争夺装有毒酒的酒杯。朱氏见兄弟相争，怕伤及亲生儿子，只好夺过酒杯将毒酒泼在地上。王羲之的五子

① 《孝经·丧亲篇》。

王徽之和七子王献之相差6岁，却兄弟情深。有一年，二人同时患病。算命的人说："当一个人走到生命的尽头时，如果有人替他去死，将死之人则可延续自己的生命。"王徽之说："我的才学不如弟弟，愿替弟弟去死。"

孝悌是琅玡王氏世代相传的家风与美德，王氏家族数百年的昌盛，离不开优良家风的传承。

五、家风与科举世家

科举制度是中国古代通过考试选拔官吏的一项制度，肇始于隋唐，盛行于明清，终止于清光绪三十一年（1905），在中国历史上实行了一千多年，对中国社会产生了重大影响。读书人通过科举做官，官宦之家的子弟有条件读书并参加科举，于是就出现了父子进士、兄弟进士的现象，甚至一个家族连续多世都有进士，成了科举世家。

新城王氏是明清时期山东地区显赫的科举世家。王氏祖籍山东诸城，元末明初为躲避战乱迁到新城，最初为赵姓人家做

［清］禹之鼎《王士禛放鹇图》（局部）

佣工，经过几代人的努力经营才在新城站稳了脚跟，到第四代王重光考中进士，其家族正式走向官宦世家。明清两代，新城王氏共产生了进士29人、举人38人、贡生115人，这些人员大多通过科举的途径取得了官职。

王重光嘉靖二十年（1541）考中进士，这也是新城王氏家族的第一位进士。王重光初为工部主事、户部湖广司主事，后升贵州布政司左参议，逝世后追赠太仆寺少卿。王重光奠定了王氏家族从世代佣作到科举世家转变的基础。王重光的次子王之垣、七子王之猷、侄子王之都皆考中进士，其中王之垣官至户部左侍郎，王之猷官至开封知府。

至新城王氏第六代"象"字辈时，家族繁荣昌盛，人才济济，共出现了九位进士，他们分别是王象乾、王象坤、王象晋、王象蒙、王象斗、王象节、王象恒、王象春、王象云。他们不但科举成功，而且为官、为文都取得了很大的成绩，其中以王象乾、王象晋、王象春最为典型。

王象乾24岁中进士，85岁病卒，历任五朝，为官六十年。他以兵部尚书提督九边，总督蓟辽，可谓位高权重，声名显赫。其镇守北部边境的功绩得到朝廷的认可和褒奖，其曾祖父王麟、祖父王重光、父亲王之垣都因此受到诰赠。万历皇帝特敕在新城建造"四世宫保"牌坊，对其家族进行表彰。王象晋，万历三十二年（1604）进士，崇祯七年（1634）晋升河南按察使，崇祯八年（1635）迁浙江右布政使。王象春，万历三十八年（1610）进士，万历四十年（1612）因顺天科场案降级调任闲散之职。他在政治上虽无大的作为，在文学上却取得了不凡的成就，辗转游历期间，创作了大量诗篇。他在继承复古派的基础上，自辟门庭，提出了"重开诗世界"，将诗歌分为禅诗、侠诗、道诗、儒诗四种，并以禅诗、侠诗为上，在晚明诗坛独树一帜。

新城王氏第八代，以王士禄、王士禛兄弟二人为代表，不论在科举仕途上还是在文学成就上，都不仅延续了家族的辉煌，而且超越前辈，将王氏家族的影响扩大到全国。王士禄，清顺治九年（1652）进士，选莱州府教授，迁国子监助教，官至吏部员外郎。王士禛，顺治十五年（1658）进士，顺治十八年（1661）游太湖渔洋山，爱其秀美景色，自号"渔洋山人"，时人称王渔洋。康熙十九

［清］卞永誉《王士禄柳荫放鹤图》

牟氏庄园西忠来外观（王海鹏供图）

年（1680）王渔洋被任命为国子监祭酒，门人故交遍天下，"海内公卿大夫、文人学士，无远近贵贱，识公之面，闻公之名，莫不尊为泰山北斗"。一代诗宗的地位正式确立。

作为一个传承百年的文化世家，新城王氏有其独特的家学门风，最核心的是第四世祖王重光所制定的"所存者必皆道义之心""所言者必皆读书之声"的家训，前者是道德规范，后者是文化要求，确立了王氏家风的基础，被王氏后人刻在家庙和厅堂，奉为圭臬。① 家风传承是新城王氏绵延数百年的基础，而科举出仕则是新城王氏繁荣发展的路径和长盛不衰的保障。

栖霞牟氏家族是明清以来山东最负盛名的家族之一。栖霞牟氏从二世到七世，饱受饥寒之苦，没有机会读书识字，族属

---

① 王小舒、贺琴：《新城王氏家风》，人民出版社2015年版。

牟氏庄园宝善堂寝楼前院落（王海鹏供图）

全是平民百姓，一百多年来一直默默无闻。七世牟世俊认为，家族贫弱，主要是因为没有文化，缺少有才识、有眼界的人。于是，他下定决心，延师课子，引导子弟读书识字，试图走上"读书仕进"的道路。经过不懈努力，牟世俊的八个儿子有六个取得功名，从此栖霞牟氏家族通过科举走上崛起之路。

通过"读书取仕"，栖霞牟氏家族发生了质变。"据统计，明清时期，栖霞县先后共出现了28名进士，其中牟氏家族成员就占了10名，超过总数的三分之一，牟氏家族子弟得中举人者有29人。从明朝中后期到清代末年，牟氏家族共有七品以上官职者147人。同时牟氏家族还出现了一大批知识渊博、通古博今的文化名人，如经学大师牟庭、文学家牟应振、现代新儒学的代表牟宗三等。"① 在这样的背景下，栖霞牟氏得以飞速发展，其中牟绰、牟墨林父子鼎盛时期拥有土地六万余亩，山峦十二万亩，住宅房、佃户房、店铺房五千五百余间，佃户村一百五十多个，一举成为名震胶东的大地主。牟氏家族绵延数百年，十余代强盛发展，其家族通过科举入仕是一个至关重要的因素。

六、家风与红色文化

家风是理解和把握中国传统文化特性的重要窗口。对于包括优良家风在内的中华优秀传统文化，中国共产党始终秉持传承、弘扬和发展的积极态度。早在1938年，毛泽东同志就曾深刻指出："今天的中国是历史的中国的一个发展；我们是马克思主义的历史主义者，我们不应当割断历史。从孔夫子到孙中山，我们应当给以总结，承继这一份珍贵的遗产。"2014年9月24日，习近平同志在纪念孔子诞辰2565周年国际学术研讨会暨国际儒学联合会第五届会员大会开幕会上的讲话中也强调："在带领中国人民进行革命、建设、改革的长期历史实践中，中国共产党人始终是中国优秀传统文化的忠实继承者和弘扬者，从孔夫子到孙中山，我们都注意汲取其中积极的养分。"因此，中国共产党人对家风的重视，源于对中华优秀传统文化独特优势和巨大价值的认可，也体现了在新时代条件下不断赋予家风文化以崭新内容的文化自觉。

中国共产党作为一个因信仰而凝聚在一起，以实现民族复

---

① 王海鹏：《栖霞牟氏家风》，人民出版社2015年版。

兴、人民幸福为初心使命的特殊群体，经过新民主主义革命时期、社会主义革命和建设时期、改革开放和社会主义现代化建设时期以及中国特色社会主义新时代等四个时期的接续奋斗，迎来了中华民族从站起来到富起来再到强起来的历史跨越。在百余年征程中，中国共产党创造了改天换地的丰功伟业，留下了宝贵的精神财富。红色家风作为其中的重要组成部分，是我们理解中国共产党人精神世界和红色文化的重要载体。

首先，理想信念是中国共产党人家风的灵魂和精髓。中国近代社会的主要矛盾和党的性质宗旨，决定了中国共产党必须完成民族独立和国家富强两大历史任务。在国家蒙辱、人民蒙难和文明蒙尘的时代考验下，如何扭转中华民族在半殖民地半封建社会的轨道上急剧下坠的颓势，是近代以来中国各阶级面临的首要历史难题。但无论是封建统治者以"洋务运动"为代表的自救，抑或是以太平天国和义和团运动为代表的农民阶级的抗争，还是以戊戌变法和辛亥革命为代表的资产阶级的尝试，都未能从根本上改变中国的历史境遇。因此，选择什么样的指导思想和革命道路成为基本的和首要的重大问题。经过千辛万苦，中国人民终于找到了马克思列宁主义，中华民族迎来了复兴的曙光。为此，毛泽东曾不无欣喜地说道："十月革命一声炮响，给我们送来了马克思列宁主义……走俄国人的路，这就是结论。"

因此，中国共产党产生、发展和壮大的历史，决定了马克思主义及由其所规定的理想和信念是中国共产党最鲜明的精神标识，也是中国共产党家风的灵魂和精髓。纵观中国共产党人的家风故事，翻阅中国共产党人的家书，可以发现贯穿其中的一条红线正是对马克思主义科学性和真理性的笃信，对共产主义远大理想的坚守。革命烈士夏明翰"砍头不要紧，只要主义真"的铮铮誓言，不仅是他个人的告白，更是中国共产党人在理想信仰问题上的群体性宣示。可以说，理想信念是中国共产党人家风文化的精神制高点，是统摄中国共产党人精神世界的核心命题。习近平同志多次强调"党员、干部要经常重温党章，重温自己的入党誓言，重温革命烈士的家书"，也首先是从这个意义来讲的。

其次，中国共产党人的家风是红色文化的重要组成部分，可以展示丰满、立体的共产党人形象。中国共产党的百余年历史内涵丰富，气象万千，如何讲好百年党史故事需要进行全方位、多角度的解读，宏观与微观结合，历史与现实贯通，既要聚焦重大事件、重要会议和重要任务，把握主题主线、主流本质，也要讲好历史典型细节，描绘具体历史场景，塑造生动、鲜活的党史人物，拉近与党史的距离，增强党史的亲和力和感染力，提升党史资政育人的实际效果。

家风作为中国传统文化的重要内容，具有悠久的历史积淀和广泛的群众基础。一般人在生活中会通过日常交流、家庭教育和信息沟通等多种形式传递一些朴素但亦真实的家风理念。因此，通过家风这一具有广泛大众基础的媒介，人民群众就获得了一个走入中国共产党人内心世界的途径，可以在看似平常的家庭成员情感沟通、宽慰劝勉和应答解惑中，感知中国共产党人平凡中的不凡，领略亲情背后的家国情怀，体会理想信念背后的柔情，最终勾勒出关于中国共产党人完整、立体和丰满的群体影像。红色文化不是抽象的和空洞的，通过家风这一载体，中国共产党人的形象就具有了血肉和温度，红色文化也就从教科书中走到生活中来。

最后，中国共产党人的家风是对中国传统家风文化的扬弃，集中体现了中国共产党在中国传统文化认知问题上"创造性转化、创新性发展"的逻辑进路。依据马克思主义的基本原理，意识形态都具有鲜明的阶级属性，不存在完全中立或超越性的意识形态。中国传统的家风文化虽具有鲜明的民族特性和文化性格，但其脱胎于中国封建社会的母体，植根于封建等级的土壤，必然带有一些时代和阶级局限的烙印。在作为传统家风文化重要载体的家训中，除一些反映家庭和谐、子女教育和处世之道的要求外，亦有许多封建纲常的内容，如忠君、愚孝和从夫等思想，这显然属于传统文化中糟粕的范围。

中国共产党人的家风虽保留了家风文化的形式，在内容上也与传统家风文化具有一定关联，但其本质上是与最科学的思想和最先进的阶级相联系的先进文化，在历史维度上体现为对传统家风文化的扬弃。中国共产党人的家风不是对传统家风文化的简单因袭，也不是传统家风文化在时间线轴上的自然存续，而是一种"创造性转化、创新性发展"的过程。中国共产党人的家风有时体现为对传统家风文化中封建落后因素的否定与批判，如以人人平等取代等级观念，以救亡图存为核心的民族意识取代小农思想的家庭本位，等等。同时，中国共产党人的家风中也增添了许多完全新质的内容，如坚定的马克思主义信仰、鲜明的无产阶级立场和为人民服务的宗旨意识等。

因此，中国共产党人的家风从形式、内容和终极追求上都实现了对传统家风文化的变革和超越，是一种以中国共产党人为文化主体，以马克思主义为科学指引，以共产主义理想为奋斗目标的新型家风文化。

第三章　治家有方：文化世家与经典家训

治家经验和方法是中华优秀传统文化中的瑰宝，承载着世代家族的智慧与期望。它不仅是家族内部秩序的基石，更是家族传承不衰的重要保障。在历史长河中，诸多文化世家以其独特的家训，为后人留下了宝贵的精神财富。颜之推的《颜氏家训》、司马光的《家范》、朱用纯的《朱子家训》、袁采的《袁氏世范》、曾国藩的《曾文正公家训》以及柳玭的《柳氏叙训》，都是家族智慧的结晶。他们有的以丰富经验引导后人修身养性，有的如道德灯塔照亮家族正道，有的用简洁语言传递生活哲理，有的从细微处给出相处建议，有的展现名臣的治家心得，有的承载家族传统。这些经典家训犹如明灯，指引着子孙后代修身立德、治家兴业，从不同角度、不同层面为家族的传承发展保驾护航，构成中华民族优秀家风文化的重要部分。

一、颜之推与《颜氏家训》

颜之推（531—约590以后），字介，祖籍琅玡（今山东临沂），南北朝时期著名文学家、教育家。

颜之推出身士族名门，自幼受家族优良家风的熏陶。不喜空谈，潜心研习《仪礼》《左传》，成绩斐然。他在《颜氏家训·序致》中自述："吾家风教，素为整密。昔在龆龀，便蒙

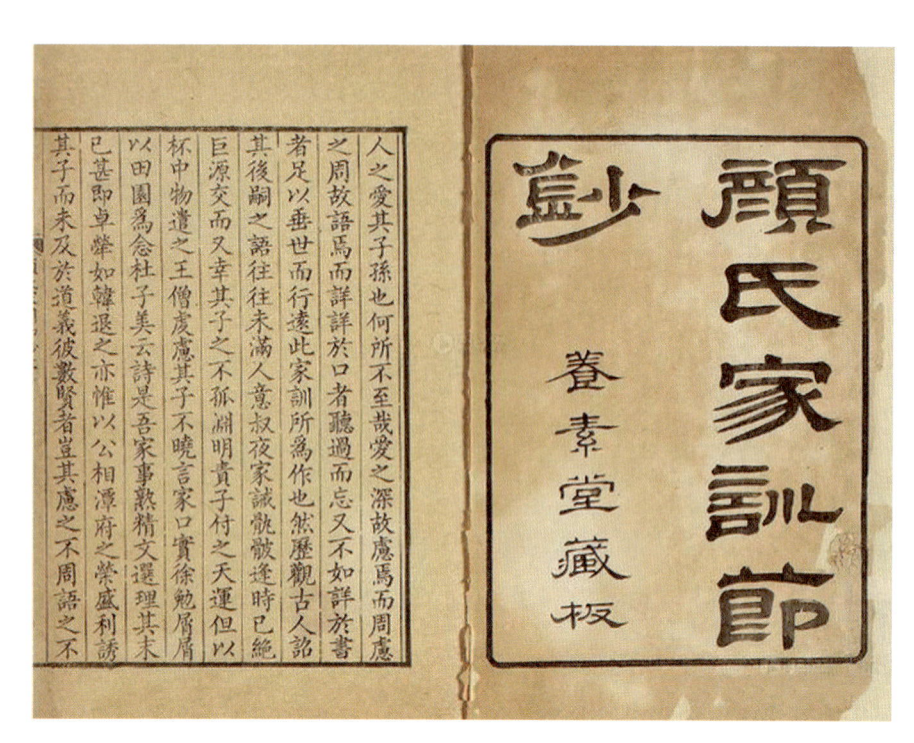

《颜氏家训》书影

诲。每从两兄,晓夕温清,规行矩步,安辞定色,锵锵翼翼,若朝严君焉。赐以优言,问所好尚,励短引长,莫不恳笃。"其大意是:我的家教向来严谨,我自幼便受到良好的启蒙。我常随两位兄长左右,朝夕受其关爱与呵护,言行举止皆受其引导与示范,言语得体,举止端庄,宛若置身于严父之侧。他们给予我鼓舞和建议,探寻我的志趣,勉励我改善不足,引领我发挥优长,每每诚挚且恳切。此等家风对其品行与学识产生了积极且深远的影响。

颜之推博览群书,为文辞情并茂,深得梁湘东王萧绎(后梁元帝)的赏识。19岁时担任国左常侍,后归附北齐,历二十余年,官至黄门侍郎。北周建德六年(577),北齐灭亡于北周,颜之推被征为御史上士。隋朝取代北周后，他又受召为学士，后以疾终，故自叹"三为亡国之人"①。传世著作有《颜氏家训》《还冤志》和《集灵记》等。

颜之推毕生经历了家族荣枯与社会动荡，为传承与弘扬颜氏家族的家风，启迪子孙后代，确保家族恒久昌盛，他在暮年立志撰写一部家训。颜之推广泛搜集家族先贤的言行记录及家训、家诫等资料，融合个人经历与体悟，历经数载，悉心编纂，

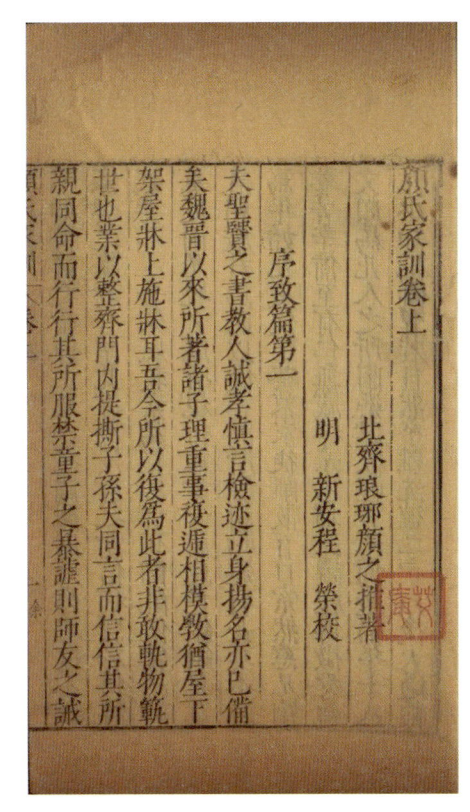

《颜氏家训》书影

最终完成了结构严谨、内容丰富的家庭教育宝典《颜氏家训》。《颜氏家训》作为中国历史上首部系统化、体系化的家训，被后世誉为"古今家训，以此为祖"，在中国古代家庭家风建设史上具有独一无二的地位。

《颜氏家训》成书年代不明，其《终制》篇提到"今虽混一"，说明成书于陈亡（589）以后。据《北齐书·文苑传》记载，"隋开皇（581—600）中，太子召为学士，甚见礼重，寻以疾终"，颜之推约逝世于开皇末年，由此推知，《颜氏家训》

---

① 《北齐书·文苑传》。

当为590年左右的作品。

《颜氏家训》共二十篇，分别为《序致》《教子》《兄弟》《后娶》《治家》《风操》《慕贤》《勉学》《文章》《名实》《涉务》《省事》《止足》《诫兵》《养生》《归心》《书证》《音辞》《杂艺》《终制》。该书以传统儒家思想为指导，内容主要围绕教育颜氏后代修身、治家、处世、为学等方面，同时兼顾实学、工农商贾等实用技能。在《颜氏家训》中，颜之推的家风建设理念得到了全面而系统的阐述，其主要内容和特点如下。

第一，注重道德培养，强调以"德"立世。《颜氏家训·省事》明确告诫子孙，"君子当守道崇德"，而并非仅为了功名利禄。家训中对道德修养的论述颇为丰富，视之为培养优良家风的关键。读书治学当以"增益德行，敦厉风俗"[①]为第一要务。良好品德是为人之本，是维系社会正常运转的基石。

颜之推教导子孙要具备忠诚、明礼、恭谨、节俭、仁义、信实等品质。《颜氏家训·勉学》篇指出："不忘诚谏，以利社稷……礼为教本，敬者身基，瞿然自失，敛

① 《颜氏家训·勉学》。

颜之推像

容抑志也。"礼仪是教化的根本，恭敬是立身的基石，要时刻保持警醒。《归心》篇强调，"君子处世，贵能克己复礼";《治家》篇提倡，"可俭而不可吝已。俭者，省约为礼之谓也"。节俭但不能吝啬，即在不违背礼仪的前提下，合理控制开支，简约生活。《颜氏家训》强调通过正心修身培养道德品质。《名实》篇指出："今不修身而求令名于世者，犹貌甚恶而责妍影于镜也。……立名者，修身慎行，惧荣观之不显，非所以让名也。"此句比喻那些忽视修身而企图扬名于世者，无异于相貌丑陋者责怪镜子未能映出美貌；强调欲建立声名者，当以修身养性、谨慎行事为本，而非为了名声而故作谦卑。

第二，恪守儒家伦理范畴，注重家庭伦理教化。孝道为家庭伦理的首要内容，颜之推强调父母对子女的教育应兼顾慈爱与严格。"父母威严而有慈，则子女畏慎而生孝矣。"[1] 他认为孝为百行之首，"幼少之日，既有供养之勤；成立之年，便增妻孥之累"[2]，子女在幼年时便有赡养父母的义务，成年后，更需肩负家庭重担。在日常生活中，子女应细心照料父母，处处展现出对父母的敬意。如能做到"抑搔痒痛，悬衾箧枕"，在父母病痛不适时，子女应为父母按摩舒缓。

颜之推尊崇儒学，注重家庭伦理关系的和睦亲善。《兄弟》篇指出："夫有人民而后有夫妇，有夫妇而后有父子，有父子而后有兄弟。一家之亲，此三而已矣。自兹以往，至于九族，皆本于三亲焉。故于人伦为重者也，不可不笃。"其意是：有

---

[1] 《颜氏家训·教子》。
[2] 《颜氏家训·养生》。

了人民然后才有夫妇，有了夫妇然后才有父子，有了父子然后才有兄弟；一个家庭中的亲人，就这三种关系而已。由此再衍生出去，直至产生九族，其实都来源于这三种关系，所以对于人伦来说，这三种关系是最为重要的，不能不努力做到敦伦尽分。《颜氏家训》依据儒家"父慈子孝""兄友弟恭"等伦理规范，调和家庭人伦关系，培育伦理道德，营造优良的家庭道德风尚。

第三，秉持勤奋学习、不断进取的精神。不论年龄大小，都应致力于读书学习，"幼而学者，如日出之光；老而学者，如秉烛夜行，犹贤乎瞑目而无见者也"[1]。首先，颜氏提倡早期教育，"人生小幼，精神专利，长成已后，思虑散逸。固需早教，勿失机也"[2]。意在说明，儿童时期心思纯净，精神集中，记忆力强，而成年后，心思杂乱，记忆力远不及儿童，故学习效果较差。其次，学习的关键在"勤奋"，须具备恒心与毅力。大多数人为智力平平之辈，其成功与否取决于勤学与否。若不肯勤奋学习，"是犹求饱而懒营馔，欲暖而惰裁衣也"[3]。最后，学要"博""专"相结合。颜氏重视博学，认为"学者贵能博闻"，并指出"观天下书未遍，不得妄下雌黄"[4]，然而所学知识应有"明确方向"与"精要之处"，不可漫无边际，须具备实际价值。此外，颜氏亦提倡通过游戏、故事等形式激发孩童学习兴趣，倡导全神贯注、善于思考等学习方式。

---

[1] 《颜氏家训·勉学》。
[2] 《颜氏家训·勉学》。
[3] 《颜氏家训·勉学》。
[4] 《颜氏家训·勉学》。

第四，倡导勤俭持家，抵制奢侈浪费。《颜氏家训·治家》明确指出："俭者，省约为礼之谓也。"主张家族成员应珍视资源，避免奢侈浪费。他劝诫子孙"藜羹缊褐，我自欲之"，即应满足于简朴的食物和衣物，不追求物质享受。"古人欲知稼穑之艰难，斯盖贵谷务本之道也。"[1] 同时要了解劳动的艰辛，珍视劳动成果，培养勤俭节约的习惯。《治家》篇还强调："生民之本，要当稼穑而食，桑麻以衣。"家庭富裕之根本在于勤劳耕作，而非无节制地消费。颜之推通过这些论述，意在引导家族成员确立正确的价值观和生活观，以确保家族的长盛不衰与安宁。

第五，注重社交礼仪与家族形象。礼仪乃社交之基石，亦是维护家族形象之重要途径。在《颜氏家训》中，颜之推详尽阐述了各类礼仪规范，如待客之道、拜访之礼等。他要求家族成员在日常生活中恪守这些礼仪规范，以彰显家族的教养与风度。主张与人交往要谦逊有礼，"见人读数十卷书，便自高大，凌忽长者，轻慢同列"[2]，警示后人勿因学识稍显便傲慢待人。注重言辞得体，避免粗鄙无礼。"无多言，多言多败；无多事，多事多患"[3]，应谨言慎行。对待他人过失，应宽宏大量，不可责备过甚，要秉承以和为贵、宽以待人的交往态度。

第六，培育务实精神，树立远大志向。颜之推主张培养子孙的务实精神，摒弃空谈和虚浮。他认为，一个人应具备真才

---

[1] 《颜氏家训·涉务》。
[2] 《颜氏家训·勉学》。
[3] 《颜氏家训·省事》。

实学，才能够解决实际问题。他教诲子孙要"涉务"，即参与实际事务，积累经验，提升能力。他指出："士君子之处世，贵能有益于物耳，不徒高谈虚论，左琴右书，以费人君禄位也。"①强调以实际行动为社会贡献力量，而非追求虚名。激励家族成员在家庭、社会和国家等各个层面，勇于开拓，敢于担当，树立远大志向。这种家风使颜氏家族在国家和民族危难之际屡次挺身而出，为国家和民族的繁荣昌盛做出了卓越贡献。

颜氏家族的后人在成长过程中，深受《颜氏家训》的熏陶与影响。他们恪守家训的教诲，不仅在品德修养上达到了较高的层次，而且在学术领域也取得了杰出成就。其中，颜之推的孙子颜师古，后来成为唐代杰出的经学家和史学家。他深谙经史之学，学识渊博，曾参与编纂《五经正义》，对唐代儒学的发展产生了重大影响。颜师古所著《汉书注》与《急就章注》在当时广为流传，另有文集四十卷传世。

颜师古之五世孙颜真卿，是唐代著名书法家、政治家。其书法作品端正雄浑，气势恢宏，被誉为"颜体"。颜真卿的成就与《颜氏家训》的熏陶息息相关。他自幼受家训熏陶，注重道德修养，为人刚正不阿，忠诚不渝。安史之乱期间，颜真卿奋不顾身，组织义军抗击叛军，彰显了英勇无畏的爱国情怀。其书法作品亦折射出深厚的文化底蕴与崇高的品德，以艺术的形式传达正直、坚毅的品格。颜真卿的一生，不仅是对《颜氏家训》精神的最佳诠释，而且是对家族优良传统的大力传承。

《颜氏家训》乃颜之推留给后人的珍贵遗产，是一部富含思

---

① 《颜氏家训·涉务》。

想内涵的家训典籍，亦是一部能切实指导后人在品德修养、为人处世等方面获得成功的实用宝典。《颜氏家训》的历史价值与现实意义，不仅局限于颜氏家族范畴，而且广泛地影响了后世众多家庭的教育观念与方法。清代学者王钺在《读书丛残》中对其评价道："篇篇药石，言言龟鉴，凡为人子弟者，当家置一册，奉为明训，不独颜氏。"《颜氏家训》所蕴含的优秀家风，已然成为中华民族传统文化宝库中一颗熠熠生辉的明珠。

二、司马光与《家范》

司马光（1019—1086），字君实，号迂叟，世称涑水先生，身后称司马温公，陕州夏县（今山西夏县）人。北宋政治家、文学家、史学家。历仕仁宗、英宗、神宗、哲宗四朝，主持编纂了中国历史上第一部编年体通史《资治通鉴》。

司马光的远祖可追溯至西晋皇族安平献王司马孚，家族原居河内温县，东晋时迁至山西夏县。司马光祖父司马炫为进士出身，死后赠太子太傅。司马光之父司马池曾在藏书阁任皇帝顾问，以清廉仁厚著称。司马光出生时，

司马光像

其父任光山知县，故为其取名"光"。司马光7岁时，"凛然如成人，闻讲《左氏春秋》，即能了其大旨"，从此"手不释书，至不知饥渴寒暑"。[①] 宋仁宗宝元元年（1038），司马光中进士甲科，先后任谏议大夫、翰林院学士、御史中丞等职。宋神宗时，王安石实行变法，引发新旧党争。当时司马光竭力反对变法，强调祖宗之法不可变，当他被命为枢密副使时，辞而不受。后退居洛阳，专心编纂《资治通鉴》。哲宗即位后，被召回主政，任尚书左仆射兼门下侍郎，数月间尽废新法，罢黜新党。为相八个月病逝，被追封为温国公。著有《司马文正公集》《稽古录》等。

司马光著作丰富，除著名的《资治通鉴》外，还著有《家范》。"家范"是家族成员应恪守的规范，是祖先为后人立身处世、持家治生所设立的原则与准则。宋代家范家训文献蓬勃发展，贤士为家族制定家范成为一种潮流，司马光的《家范》便是当时的典范。

唐宋时期，我国传统社会发生巨变，史称"唐宋变革"。新兴庶族地主崛起，门阀士族彻底衰落，魏晋以来等级森严的士庶界限逐渐消失。张载在《经学理窟·宗法》中说："如公卿一日崛起于贫贱之中以至公相，宗法不立，既死遂族散，其家不传。"宋代后，家族世代公侯的局面罕见，即使家族中有人官至公卿，其积累的财富或政治权势也可能在死后因家族纷争等原因迅速消散。宋代"贫富无定势"的现实，对士绅阶层产生深刻影响。在重建宗族的理念下，士绅们采取修族谱、定

[①] 《宋史·司马光传》。

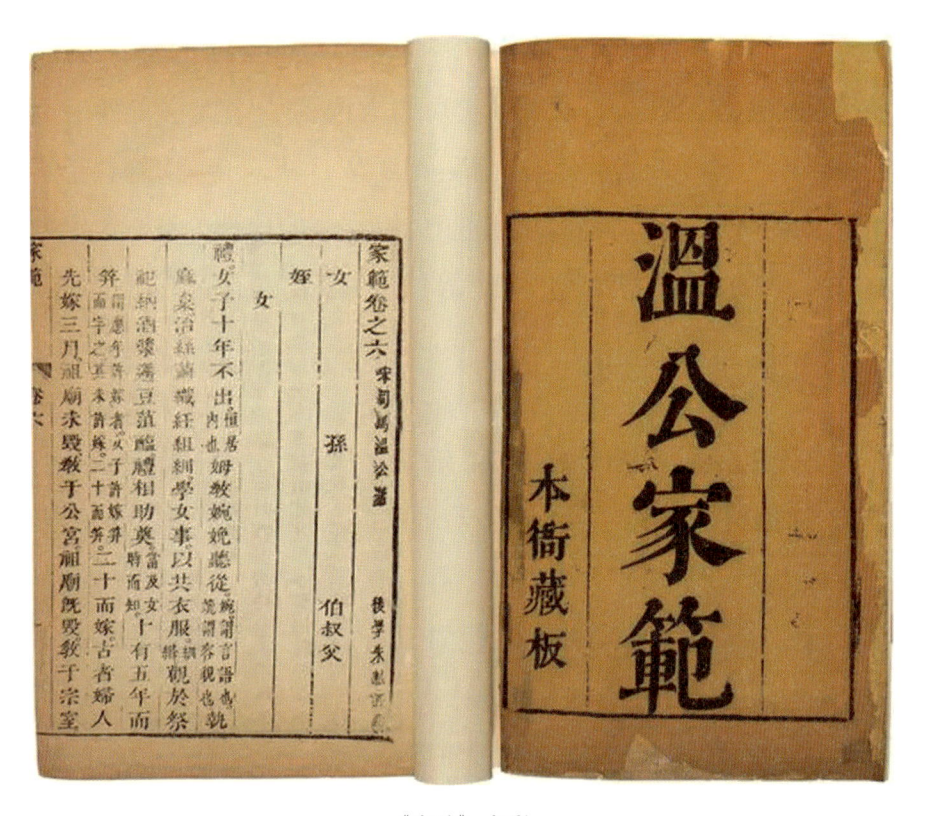

《家范》书影

家规、严家礼等措施,以维护家族的团结、富贵和地位。

  同时,许多宋代士绅认为家族稳定是社会秩序稳定的基石,重建家族宗法制度对国家长期稳定至关重要。司马光认为,"治国在齐其家",家国一体,儒家"齐家治国平天下"的思想表明治家是治国理政的预习,《家范》体现了他的这一观念。《四库全书总目提要》阐述了司马光编纂《家范》之目的:"自颜之推作家训以教子弟,其议论甚正,而词旨泛滥……别加甄掇,以示后学准绳。"即本书旨在"为后学树立标准",对前人家范类作品进行筛选。然而,编写《家范》的首要目标仍是效仿先贤治家之道以"正家"。

《家范》"采集经史兼及子书中,圣人正家以正天下之法,及后世卿士以至匹夫,家行隆美可为人法者"①。此书首列《周易·家人》卦辞,其下分为治家、祖、父、母、子、女等共十卷十九篇。此书全面、系统地探讨了传统家庭的伦理关系、治家方法、为人处世、为官及理财之道等,其主要内容有以下几方面。

1. 以"礼"治家

《家范》中,司马光主张"治家必以礼为先""治家莫如礼",即依据儒家伦理和礼教来治理家庭。他认为"礼"是治家的根本方法,所有细节规范都围绕"礼"展开。唐宋时期,随着佛道的发展,儒学受到冲击,宋代士大夫致力于重建新的儒学体系和宗法伦理体系。司马光通过分析人与动物的区别,强调了"礼治"对家族生存发展的至关重要的作用。《家范·治家》中提到:"是故圣人教之以礼,使人知父子、兄弟之亲。人知爱其父,则知爱其兄弟矣;爱其祖,则知爱其宗族矣。"从关爱父母、兄弟扩展到敬爱祖先、族人。司马光倡导敬爱祖先、父亲、兄弟,实现九族亲睦,方能"群聚以御外患"。

《家范》引用齐晏婴的话:"父慈子孝、兄爱弟敬、夫和妻柔、姑慈妇听,礼也。""礼"能够使父子、兄弟、婆媳之间的关系和谐有序;又引《礼记》云"嫂叔不通问,诸母不漱裳,外言不入于阃,内言不出于阃",强调家庭成员间应遵循礼的规范,行事有礼,以维护家庭礼法秩序。"凡为家长,必谨守礼法,以御群子弟及家众。"明确指出家长须谨守礼法,以儒

---

① 《家范·治家》。

家伦理道德来管教家族子弟，从而使家族成员和睦相处、井然有序，这是治家的根本原则。

2. 以"父慈子孝"为核心的家庭伦理

在以"礼"治家的前提下，《家范》对家庭伦理关系的构建，凸显出以"父慈子孝"为核心的理念。鉴于父子关系在家庭伦理中的基础地位，并在很大程度上决定了家风之良莠，《家范》对此颇费笔墨。

《治家》篇言"父慈而教，子孝而箴"，要求父母对子女慈爱，子女对父母孝顺，即"为人子，止于孝；为人父，止于慈"。《家范》将"父慈"置于"子孝"之先，子女固然须孝敬父母，但父母对子女应施以慈爱，须慈祥和爱护，"不慈"与"不孝"为同等罪过，即"子不孝父不慈，其罪恶均等"[①]。司马光认为，父母言行对子女影响尤为深刻，要求家长加强修养，以身示教，"凡为家长，必谨守礼法，以御群子弟及家众"[②]。父母不能对子女过分溺爱，因"爱惜太过，则爱之适所以害之"[③]。无论是慈爱还是严苛，都应有度，做到"慈爱不至于姑息，严格不至于伤恩"。

司马光论及父慈时，尤重子孝。他将孝道划分为生前与死后两个层面：生前孝道需达到"居则致其敬，养则致其乐"；死后孝道则表现为"丧则致其哀，祭则致其严"。在《家范》

---

① 《家范·父母》。
② 《家范·治家》。
③ 《家范·父母》。

一书中，司马光竭力推崇孔子所倡导的敬亲之孝，反对仅以物质赡养为孝之观点，强调精神层面的敬爱。所谓"敬亲"，即要求子女内心真诚地尊敬父母，确保他们在精神上得到满足，愉悦其心境。

孝敬父母并非意味着无条件地顺从，当父母有过时，子女有"谏"的义务，这也是孝行的表现。《家范》卷四《子上》云："谏者，为救过也。亲之命可从而不从，是悖戾也；不可从而从之，则陷亲于大恶。

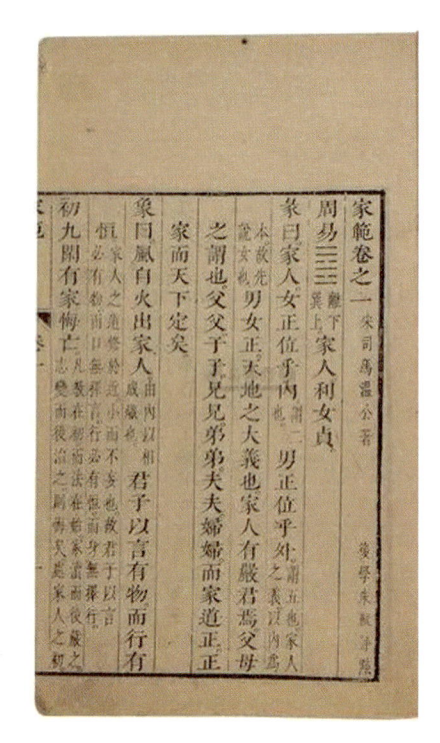

《家范》书影

然而不谏，是路人。故当不义则不可不争也。"但这种"谏争"是有前提的，即在尊重父母的基础上进行，也就是"谏而不逆"，若无原则性的利害关系，子女应遵从父母的意愿，"苟于事无大害者，亦当曲从"①。司马光在《家范》中也高度赞扬兄弟间的友爱，强调兄弟要友善相处、团结互助，共同面对困难，如此才能保持家业兴旺，否则将导致家道中落。

3. 系统的教子思想

传统家范的两大功能就是治理家庭与教导子女。司马光继

---

① 《家范·子上》。

承了历代家范尚家教的传统，借助家长的威望及其与子女间的血缘纽带、亲情关系，采用直接教诲的方式，对子女进行学问和品德等方面的培养，以期他们成为国家栋梁之材。

司马光重视胎教、幼教和成教的连续性，主张教育应始于胎儿阶段，并规划了幼儿教育的十年计划。从一至三岁学习数与方名，研练书法；七岁读《孝经》《论语》；八岁读《尚书》；九岁读《春秋》及诸史；十岁读《诗经》《左传》，逐步通晓经史之学。司马光尤其注重冠礼，即成年礼。冠礼是受冠仪者的重要人生转折点，意味着开始承担成年人的家庭和社会责任。

关于女子教育，司马光主张以礼治家，故女子宜遵循"妇德""妇言""妇容"与"妇功"。其中，妇德最为关键，即遵循礼义之道，不懂礼义则无法辨识善恶。女子在家还需研习《孝经》《论语》《诗经》与《礼记》，贤淑之女无不好学，博览群书，广泛涉猎，以提升自我修养。在《家范》中，司马光对女子教育的看法并非彻底秉持"女子无才便是德"的观念，而是认为女子的才智应以男性为主导，在持家方面发挥积极作用。

4. 为官从政思想

中国传统社会崇尚读书为官，家谱中详细记载科举及官宦之人。家长以先辈为榜样，期望子女出仕。但在传统社会，因株连制度，家长又担忧子弟为官不端，给家族招致祸端，故重视对出仕子弟的训导，希望他们为官清廉，为家族增光。

其一，严以律己。官员唯有严格自律、谦恭谨慎，方能避免招致灾祸。司马光在《与侄书》中言："汝辈当识此意，倍须谦恭退让，不得恃赖我声势，作不公不法，搅扰官司，侵陵小民，使为乡人所厌苦，则我之祸，皆起于汝辈，亦不如也。"告诫侄子尤其要谦虚恭顺、退让有礼，不得仗其权势，做不公不法之事，扰乱官府，欺压百姓，致使被乡人所厌恶和痛恨。

其二，廉洁为官。在传统家训里，官员的廉洁、爱民等品质都被视为重要的教育内容。《家范》极为重视灌输廉正为荣、贪墨为耻的思想。

其三，正直守节。《家范》亦着重指出，官员在处理政务和司法审判时，应贯彻"以民为本""正直守节"的理念，不屈从上级权势、邪恶势力。

司马光墓

5. 持家理财思想

持家理财乃管理大家族之必需技能，运用得当可促进家道繁荣，反之则可能导致家势衰落。《家范》对后世子孙在持家理财方面给予诸多教诲，旨在树立正确的财富观，以保障家族长盛不衰。

其一，遗德胜遗财。传统家训视高尚道德为人生的宝贵财富，是传给后代的精神遗产。唯有积德，使家庭拥有良好家风，方能确保家业兴旺。古代家训普遍认同德重于财、德高于利的观念。司马光在《家范》中劝诫家长只为子孙积攒财富是无益的，而应注重培养其优良品德，传承良好家风，使子孙凭道德与才能立足社会。反之，投机取巧、强取豪夺所得之财富，终将被不肖子孙挥霍一空。

其二，勤俭持家。司马光在《家范》中记载张文节推崇节俭、抑制奢华之事迹。张文节晋升宰相后，生活依旧朴素。司马光为教诲其子司马康，撰写了著名的《训俭示康》家训，旨在教育儿子崇尚节俭。该家训不仅展现司马光身体力行的节俭精神，亦批判了奢侈之不良风气，并通过实例阐释节俭之难。

其三，公平原则。司马光的公平原则包含两层意义：一是公心原则，家庭普通成员和领导者共享家产。父母尤其应公正无私地分配家产，以避免日后纷争。《家范·兄弟》指出："世之兄弟不睦者，多由异母或前后嫡庶更相憎嫉，母既殊情，子亦异党。"① 二是均平原则，即在分配生活用品时，应按年龄大

---

① 《家范·治家》。

小平等分配，旨在消除家庭成员间的闲言碎语。只要公平分配，"虽粝食不饱，敝衣不完，人无怨矣"①。

其四，商业理念。司马光在《家范》中虽鲜少谈及经商，但其中提及并肯定范蠡经营，足见其对商业的肯定态度。司马光教导子孙要秉持经商之道：第一，要勤勉，抓住商机；第二，要有耐心，避免急功近利；第三，不要唯利是图，见利忘义。

司马光的《家范》对其后代产生了深刻影响。据《宋史》记载，司马光之子司马康自幼端庄谨慎，孝顺父母。他聪明好学，广泛涉猎书籍，因精通经学而步入仕途。在父亲编纂《资治通鉴》期间，他负责校阅文稿。司马康为母守丧三年，悲痛欲绝，以至于身形憔悴，难以辨认。司马康随父居洛阳时，求学者与其交流后，都有所启发。路人见到他的举止风度，便知他是司马家子弟。父亲司马光逝世后，他依照礼仪处理后事，摒弃世俗丧葬习俗。获得父亲遗产后，他慷慨地分给族人。服丧期满，司马康被任命为著作佐郎兼侍讲。《宋史》对其早逝格外惋惜："呜呼悲夫！康济美象贤，不幸短命而死，世尤惜之。"

司马康的卓越品行彰显了《家范》在子女培育与家风传承方面的显著成效。司马光的《家范》为社会确立了典范家训，对后世家训编撰产生了深远影响，众多家训作品纷纷汲取《家范》的精华，从而进一步丰富和提升了中国家训文化。

三、朱用纯与《朱子家训》

朱用纯（1617—1688），字致一，自号柏庐，江苏昆山人，

---
① 《家范·治家》。

明末清初理学家、教育家。学界多尊称其朱柏庐。

朱柏庐之父朱集璜是明末知名学者。清顺治二年（1645），朱集璜坚守昆城，抗击清军，城陷之际，选择投河殉国。战乱稍平，朱柏庐以礼安葬其父，因其倾慕"二十四孝"中王裒攀柏庐墓的事迹，故而自号柏庐，并在墓旁搭建茅庐，守丧达三载之久。他强忍悲痛，对上赡养母亲，对下扶助弟妹，历经诸多艰辛。他不沾酒肉，吃斋长达二十一年，因而体质瘦弱。

朱柏庐像

朱柏庐自幼酷爱读书，后考取秀才，原本志在仕途。然而，明朝灭亡、清朝入关后，朱柏庐决定不再追求功名，而是隐居乡间，教授学生。他曾用精美楷书抄写教材数十本用于教学，并潜心于程朱理学，主张知行合一，身体力行，因而名声大噪。在康熙年间，他坚辞博学宏词科的推荐，后来又婉拒地方官举荐的乡饮大宾。尽管多次受到征召，但他始终未应允，与徐枋、杨无咎并称"吴中三高士"。康熙二十七年（1688），朱柏庐病逝。临终前他告诫弟子："学问在性命，事业在忠孝。"[1] 其主

---

[1] 《清史稿·朱用纯传》。

要著作包括《删补易经蒙引》《四书讲义》《劝言》《耻耕堂诗文集》《愧讷集》和《毋欺录》等。

明末清初，社会动荡不安，家庭失序。作为一名深受理学熏陶的学者，朱柏庐深感有责任弘扬传统美德。他在父亲殉难后守丧三年，深刻体会到了家国情怀和家庭责任的重要性。因此，他撰写《朱子家训》，旨在通过简洁明了的语言，为后人提供修身齐家的指南，也期望引导人们遵循道德规范，营造良好的家庭氛围和社会环境。《朱子家训》的题名亦有《治家格言》《朱子治家格言》等几种，后来成为家喻户晓、脍炙人口的经典家训，被尊为"治家之经"。其全文如下：

> 黎明即起，洒扫庭除，要内外整洁；既昏便息，关锁门户，必亲自检点。一粥一饭，当思来处不易；半丝半缕，恒念物力维艰。宜未雨而绸缪，毋临渴而掘井。自奉必须俭约，宴客切勿留连。器具质而洁，瓦缶胜金玉；饮食约而精，园蔬愈珍馐。勿营华屋，勿谋良田。三姑六婆，实淫盗之媒；婢美妾娇，非闺房之福。奴仆勿用俊美，妻妾切忌艳妆。祖宗虽远，祭祀不可不诚；子孙虽愚，经书不可不读。居身务期质朴，教子要有义方。勿贪意外之财，莫饮过量之酒。与肩挑贸易，毋占便宜；见贫苦亲邻，须加温恤。刻薄成家，理无久享；伦常乖舛，立见消亡。兄弟叔侄，须分多润寡；长幼内外，宜法肃辞严。听妇言，乖骨肉，岂是丈夫；重资财，薄父母，不成人子。嫁女择佳婿，毋索重聘；娶媳求淑女，勿计厚奁。见富贵而生谄容者，最可耻；遇贫穷而作骄态者，贱莫甚。居家戒争讼，

讼则终凶；处世戒多言，言多必失。勿恃势力而凌逼孤寡，勿贪口腹而恣杀牲禽。乖僻自是，悔误必多；颓惰自甘，家道难成。狎昵恶少，久必受其累；屈志老成，急则可相倚。轻听发言，安知非人之谮诉，当忍耐三思；因事相争，安知非我之不是，须平心暗想。施惠无念，受恩莫忘。凡事当留余地，得意不宜再往。人有喜庆，不可生妒忌心；人有祸患，不可生喜幸心。善欲人见，不是真善；恶恐人知，便是大恶。见色而起淫心，报在妻女；匿怨而用暗箭，祸延子孙。家门和顺，虽饔飧不继，亦有余欢；国课早完，即囊橐无余，自得至乐。读书志在圣贤，非徒科第；为官心存君国，岂计身家。守分安命，顺时听天。为人若此，庶乎近焉。

通篇来看，《朱子家训》文字通俗易懂，对仗工整，朗朗上口，内容精短却深刻。全文五百余字，按照"个人—家庭—社会"由小而大层层推进的逻辑，从修身齐家、处世应务等层面总结了生活化的德育观，并以格言警句的形式表达出来。朱柏庐将这篇家训以颜体楷书抄写，挂在客厅墙上"中堂"的位置，用以勉励家人；另抄一幅挂在书房最显眼处，用以勉励自己。我们将从五个方面来解读《朱子家训》的内容。

其一，《朱子家训》极力倡导勤劳节俭、质朴无华的生活理念。家训伊始，便着眼于日常生活行为，劝勉子女养成早睡早起的良好习惯，每日黎明即起，将庭堂清扫洁净，维持内外环境的整洁；至黄昏时分，则按时就寝休息，且在此之前检查门窗是否关锁妥当。人的日常作息应遵循自然规律，与自然变化相契合，凡事做到从容有序、条理分明。任何事务皆需预先筹备，譬如在降雨之前，就应把漏雨的房屋修缮完备，恰似莫等口渴之时才去掘井寻水。"宜未雨而绸缪，毋临渴而掘井。"

在生活作风方面，《朱子家训》直截了当地表明，应当珍惜粮食、爱惜衣物，开源节流，秉持节俭质朴的生活方式。只需满足基本生活之需即可，切不可一味追逐奢华。对于每一碗粥、每一碗饭，都应想到其得来不易；对于衣物的每一丝线，也要常常想到其生产之艰辛。正所谓"一粥一饭，当思来处不易；半丝半缕，恒念物力维艰"。自身在生活消费上务必保持节约，宴请宾朋好友时切不可流连忘返、毫无节制，切勿奢华过度，不可超越自身能力范畴。餐具既要简约，又要洁净，虽是泥土所制，却胜过金玉；饮食注重少而精，食物无须繁多，只要烹饪得当即可。自家菜园中种植的蔬菜，更胜过山珍海味。"器具质而洁，瓦缶胜金玉；饮食约而精，园蔬愈珍馐。"莫要耗

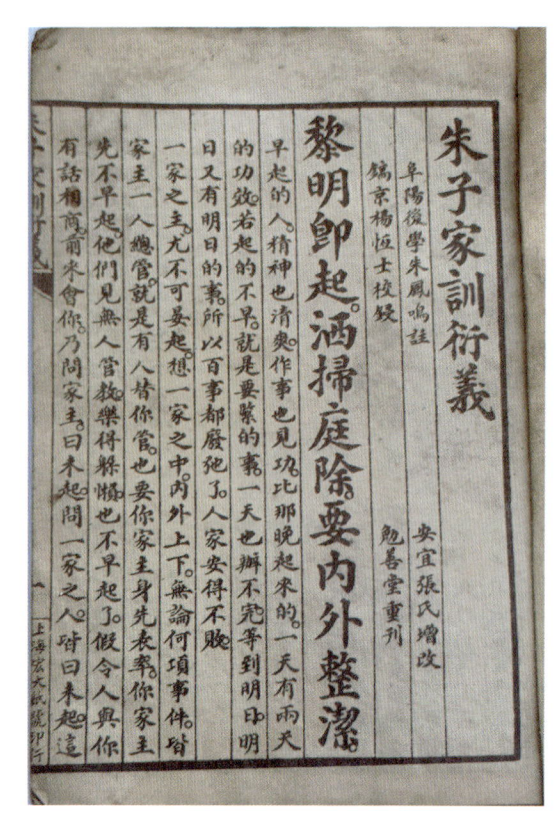

《朱子家训》书影

费大量钱财构筑奢华房屋，居于普通而整洁的居处，人亦能舒适自在。不必想方设法购置优良的田地，只要辛勤耕耘、合理灌溉，贫瘠之田也能有良好收成。

其二，《朱子家训》注重品德与操守，认为财富和容貌不足计较。"嫁女择佳婿，毋索重聘；娶媳求淑女，勿计厚奁。"朱氏教诲后人，嫁女应选择品德高尚的夫婿，不可向其索要贵重聘礼；选媳当择贤惠之女，不应贪图其丰厚嫁妆。嫁娶应当俭约适度。对于富贵与贫穷的态度，朱氏认为，见到富贵之人便阿谀奉承，此乃最为可耻之行径；遇贫贱之人则傲慢相待，这是最为卑贱之举。"见富贵而生谄容者，最可耻；遇贫穷而作骄态者，贱莫甚。"对待富贵和贫穷的态度，彰显着一个人的气节与人格，切勿贪恋非己之财。人的品德至为重要，财富与容貌不足计较。社会中不正派的女子，皆是淫

[清] 黄易隶书《朱子家训》（局部）

乱和盗窃的诱因；美丽的婢女和娇艳的姬妾，并非家庭之福。家童、奴仆，不可雇用英俊貌美者，妻、妾切不可有艳丽妆饰。"见色而起淫心，报在妻女"，若见到美貌女性便生邪念，将来的报应会落在自己妻女身上。

其三，在家庭治理层面，《朱子家训》着墨相对较少，其主要观点有：告诫子孙祭祀祖宗须虔诚，教育子孙亦不可懈怠；兄弟叔侄之间应相互扶助，富者当资助贫者；一个家庭要有严明的规矩，长辈对晚辈的言辞应当庄重。即"兄弟叔侄，须分多润寡；长幼内外，宜法肃辞严"。切勿听信妇人挑唆，以致损伤骨肉亲情；重视钱财而轻慢父母，绝非为人子女的正道；家中和睦安宁，即便缺衣少食，亦能感受幸福，即"家门和顺，虽饔飧不继，亦有余欢"。

其四，在待人处事方面，《朱子家训》提倡敦厚忠信、恭谦温和以及仁爱和善的原则与态度。朱氏训诫子孙，与小贩进行交易时，勿存占其便宜之念；见到贫苦的亲朋故旧，要从精神与物质层面予以关怀和扶助。"与肩挑贸易，毋占便宜；见贫苦亲邻，须加温恤。"不可凭借强硬势力欺凌压迫孤儿寡妇。他人有喜庆之事，勿生嫉妒之心；他人有祸患之际，不可幸灾乐祸。对人施以恩惠，不必铭记于心；受他人之恩惠，则务必常挂心头。为人须有准则，应脚踏实地，切不可因贪图蝇头小利而做出有损人格之事。同时，朱氏提醒子孙，不可做刻薄颓废之人。那些待人刻薄者，好日子定然难以长久。那些性情乖僻、自以为是之人，往往会因做错事而追悔莫及。"乖僻自是，悔误必多；颓惰自甘，家道难成。"

《朱子家训》认为，与他人因事相争，或许是自身之过错，应当冷静并自我反省。无论做何事，应当留有余地，志得意满之后，应当知足，不应继续为之。居家度日，要避免与人争吵从而引发诉讼，一旦产生争讼，无论胜负，终归存有凶险；为人处世不可多言，言语过多或不当皆会导致失误和误解。要怀着恭敬、虚心之态与那些阅历丰富、善于处世的名流贤达交往，遭遇困境便可请求其指导与协助。良好的人际关系，不但有益于生活，亦有助于人生之发展。

其五，在读书出仕方面，《朱子家训》教导子孙应立志追寻圣贤之德，怀有成就一番事业的壮志雄心以及持之以恒的奋斗精神。"子孙虽愚，经书不可不读。""读书志在圣贤，非徒科第。"读书旨在提升个人修养，培育高尚情操，志在成为圣贤，而非仅仅为了获取功名。倘若为官，就要做一个为国为民谋福祉的好官，切不可仅为自身利益打算。"为官心存君国，岂计身家"，以天下为己任，舍弃小我，追求大我。若想有所成就，既要树立远大的目标，又要为达成目标而不懈努力。机遇向来偏爱有准备之人，"宜未雨而绸缪，勿临渴而掘井"。唯有事先筹谋妥当，方可从容应对各类突发状况，及时把握住机遇。

《朱子家训》将圣人典范具象化于生活事务之中，其内容涵盖生活的方方面面，翔实且易于施行。全文没有晦涩难懂之处，品读起来朗朗上口，在社会各阶层广为流行。家训问世后，便获得有识之士的赞许，众人争相传抄。朱柏庐去世后，全国各地相继将此文刊刻成书，各类家训选本也皆收录此篇，擅长书法之人将其写成字帖，使其广泛流传、家喻户晓。朱柏庐的弟子顾易曾著《朱子家训演证》四卷，阐释其意。家训诞生地江苏昆山及其周围等地更有人将其编成词曲歌谣，四处传唱。据说康熙帝从第三次南巡（1699）开始，时常听闻此事，兴趣盎然，常常将其中的名句抄写成对联赠予官员及其子女，并将《朱子家训》引入宫中，和《三字经》《千字文》等启蒙读物一道，作为皇子、皇孙们的必修课。

清乾隆时期的鸿儒宰相陈宏谋从文本表达和叙事内容两个维度，对《朱子家训》评价道："其言质，愚智胥能通晓；其事迩，贵贱尽可遵行。"[1]"其言质"肯定了其别具魅力的语言特色，即言辞质朴，故而愚者、智者皆能明晓其中道理；"其事迩"则从选材内容方面称赞了它的价值，即贴近大众日常生活，故文人雅士、贩夫走卒都能在日常生活中加以运用。

四、袁采与《袁氏世范》

袁采，字君载，衢州信安（今浙江常山）人，南宋官吏。著有《政和杂志》《县令小录》和《袁氏世范》三书，仅有《袁氏世范》传世。

袁采自幼受儒家思想影响，才德俱佳，时人赞其"德足而行成，学博而文富"[2]。袁采早年为太学生，于隆兴元年（1163）进士及第，曾在萍乡县任主簿，后辗转至浙江乐清、福建政和、江西婺源（当时属徽州）等地担任知县，

---

[1] 《养正遗规·朱子治家格言》。
[2] 《袁氏世范·序》。

最终官至监登闻鼓院，负责受理民间人士的上诉、举告等事宜。他以儒家之道理政，廉明刚直，重视教化，施政勤勉，致力于清明吏治。明清以来的乐清、政和县志对其褒扬有加。杨万里奉命调查官员政绩时，特别提及时任徽州婺源知县的袁采，赞其"三衢儒先，州里称贤，励操坚正，砥行清苦，三作壮县，皆腾最声"①，尤其是到婺源后改革弊政，使"诸邑之民，皆得安堵"。

在担任温州乐清知县期间，袁采有感于子思在百姓中宣扬中庸之道的做法，遂撰《袁氏世范》以践行伦理教育、美化风俗习惯。在宋代以前，家训数量虽多，但多追求"典正"，对"流俗"不以为然。然而，南宋官吏袁采的这部家训却与前人不同，其立意在于"训俗"。因此，书成之际，他将其命名为《俗训》，明确表明了该书"厚人伦而美习俗"的宗旨。其后，袁采的同窗好友刘镇认为，这部家训不但能够在袁采当时任职的乐清县施行，而且可以"达诸四海"；不仅可以在当下发挥作用，而且能够流传后世、"兼善天下"，成为"世之范模"，故将其更名为《袁氏世范》。

《袁氏世范》共三卷，有《睦亲》《处己》《治家》三篇，内容颇为详尽。《睦亲》凡六十则，探讨了父子、兄弟、夫妇、妯娌、子侄等各类家庭成员关系的处置，具体分析家人不睦的原因、危害，阐明了家人族属和睦相处的各种准则，涵盖了家庭关系的各个层面。《处己》计五十五则，广泛论述了立身、处世、言行和交游之道。《治家》共七十二则，大体上为持家立业的经

---

① 《诚斋集·荐举徐木袁采朱元之求扬祖政绩奏状》。

验之谈。其中包括：置办田产时应公平交易；经营商业不可掺杂作假；借贷钱谷，利息应适中，不可高额取息；兄弟亲属分割家产，应尽早印制阄书，以求得公正避免纷争；田产的界限要清晰明确；不可将尼姑、道婆之类人群请至家中；等等。依照《睦亲》《处己》《治家》三篇的顺序，概述《袁氏世范》的主要内容和思想如下。

1. 关于"睦亲"的家庭伦理思想

其一，关于父母养育之责。在《睦亲》卷中，父母在家庭中应承担的责任主要体现在三方面：养育子女、稳定家庭成员之间的关系以及确定子嗣的传承。袁采认为，父母可养育亲生子女、同姓子女及家族孤女，不可养异姓子，以防在同族通婚上产生不必要的困扰。在养育方式上，对儿子注重"教"，对女儿则注重"养"。父亲不应强求儿子的秉性跟自己相同，应当注重自我反思和慈爱，不能过于严厉，甚至严苛，并且要以身作则。

养育的内容主要涵盖工作、学业、做人、婚姻以及家业等方面。父母应为儿子谋取一份良好的职业，使其具备谋生之法，这同时也是一种约束，可避免其游手好闲。父亲应教导儿子勤奋学习，至于学习内容，可依据每个人的秉性差异而有所不同。除圣贤书外，其他书籍也具有一定作用。关于子女的婚事，袁采认为"议亲贵人物相当"，若门不当户不对，男女双方易生不满。他特别主张子女婚姻父母应当重视并管理，不可轻信媒婆与子女之言。因媒婆言语反复，"给女家则曰男富，给男家则曰女美"。子女则眼界短浅，不明婚姻是非。若子女婚姻不幸，乃"父母不审之罪也"①。

其二，关于协调家庭成员关系。在袁采看来，父母在家庭中负有协调成员关系之责，营造稳定和谐的家庭环境，家族方能昌盛。首先，父母与儿子应各安其分，常人秉性遇强则弱、遇弱则强，过强过弱皆会引发矛盾，故各安其分是协调关系的良法。其次，应顺从老人，袁采觉得高年之人行事如婴孺，喜得钱财微利等，应尽量顺其心意，使其愉悦。最后，父母应平等地爱每一个孩子，若偏爱某子，会使其恃宠而骄，惹出麻烦，且会让未得偏爱者心生嫉恨，埋下隐患。

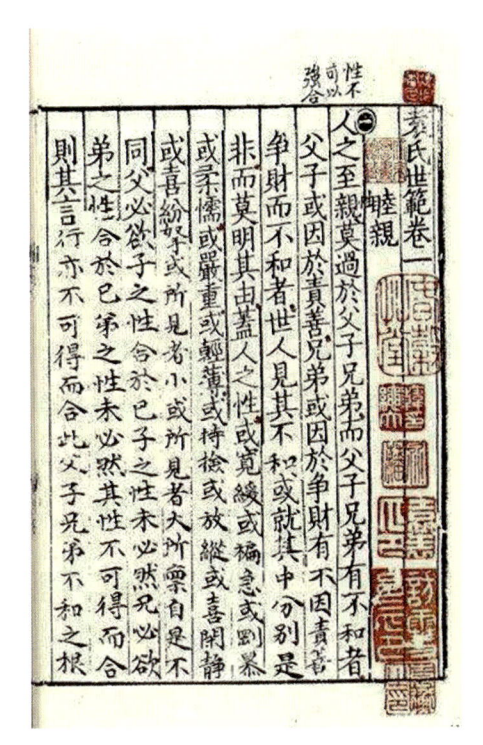

《袁氏世范》书影

其三，关于子嗣传承。在子嗣传承上，家长需考虑立嗣与立遗嘱两个问题。若有亲生儿子，按遗嘱安排即可；若儿子为养子，应注意是非争端，妥善处理好养子相关事宜，确保子嗣传承不受影响。关于遗嘱，袁采认为应注重提前设立且内容公平。"遗嘱之文，皆贤明之人为身后之虑"②，若子孙能均等获

---

① 《袁氏世范·睦亲》。
② 《袁氏世范·睦亲》。

财，便无人嫉妒、猜忌。袁采举例说，有些家族将遗产给贤良子孙，不肖子孙便会百般搅扰，致使贤良者无法安稳生活，终致家族衰败。

其四，兄弟不可强合，应常怀公心。袁采认为，兄弟间产生矛盾，是因秉性不合，总想让对方按自己意愿行事，争论过多便会滋生不和情绪。因此，长兄应体谅弟弟的处境和心情，反思自身行为；弟弟应尊重和顺从长兄，勿期望长兄按己意行动。袁采觉得，兄弟不和多因私心，所分财产较少即想独占，所分财产较多还想更多，都会引起他人不满而致冲突，最好的办法是平分，不论物多物少。兄弟过分执着分家产，便有违天理，"世人若知智术不胜天理，必不起争讼之心"[1]。

其五，兄弟间应贫富相济、相亲相爱。袁采认为，贫富相济的良策是穷者自我勉励、努力经营，富者则帮扶穷者。他主张兄弟间相互接济，但并非平分富者之财产，而是用财富"盈余"接济，"盈余"指积累、不常用的财产。若不想动用，可用其赚钱，部分所得可用于接济穷者。"兄弟义居，固世之美事。然其间有一人早亡，诸父与子侄其爱稍疏，其心未必均齐。为长而欺瞒其幼者有之，为幼而悖慢其长者有之。"[2] 兄弟和谐共处的关键在于相亲相爱，若能和睦相处，可为子侄做表率。

2. 关于"处己"的修身处世思想

其一，关于自我修养。首先是识人与依理行事。袁采认为

---

[1] 《袁氏世范·睦亲》。
[2] 《袁氏世范·睦亲》。

识人应观其行为举止，位高未必君子，贫贱未必小人，应依道德标准评判。做事要合天理，因存在道德因果报应。其次，性偏可救失，人的德行受天资影响会有偏差，而君子能自知并通过练习完善德行。最后，以"礼"束欲。《处己》卷提到饮食、男女、财物三种欲望，袁采肯定欲望存在的合理性，但控制欲望要靠"礼"，他将"礼"归为天理，认为圣人依据天理而作"礼"。

其二，与人交往的伦理规范。首先是以礼待人，袁采强调"礼不可因人分轻重"。交往不应看重财富和权势，财富和权势也不影响"礼"的运用。有人依富贵贫贱将人分成高下等级，"资财愈多，官职愈高，则恭敬又加焉"，此十分不妥。其次，袁采认为忠、信、笃、敬是交往的基本准则，其中"笃"最为重要。要做到"笃"，需厚于责己、薄于责人。还要存无愧之心，真心做事。人做坏事自以为无人知，实则瞒不过良心，也会被鬼神知晓而降下灾祸。最后，与人交往应当远离小人，不要劝谏小人，否则可能会遭其羞辱。若不可避免与小人碰面，应容貌庄重，语言严肃，以作警示。

其三，居乡生活中的修养。居乡生活务必平淡，应注重平淡节俭，在乡不可奢华炫耀。家族财富的延续则重在开源。关于子弟职业的选择，应首选"恒产"之业，次选维持生计之业，不可从事违法偷盗等行业，此理念与"学而优则仕"有一定区别。居住乡里当注重人情伦理，包括周济他人应遵循规范；不能轻易受他人恩惠，"虽一饭一缣，亦不可轻受"；人情薄厚不能深较；报答他人当以"直"相报。在《处己》卷末，袁采向子弟讲述官场情况，告诫他们不要与贪官污吏同流合污，做到远离即可。袁采要求后辈做切实为民的好官，分辨"民淳"和"民顽"，依事实判断，勿轻信他人。

3. 关于"治家"的持家营业思想

其一，有关家庭安全的防范，防盗、防火和生命安全等。首先，在防盗方面，家族应采取聚居形式，稳固门墙后保持警戒，并在夜间组织巡逻；处理好邻里关系，居家不可特立独行、暴露财富；还应为善乡里，因盗匪常选为富不仁者为目标；家中丢失财物也不可随意猜疑，否则会产生不必要的麻烦。其次，在防火方面，也需和睦邻里，如此有利于救火且让乡邻安心；应养成良好的生活习惯，如避免在火炉上长时间烘衣物；还应注重学习，积累防火知识。最后，在生命安全方面，要时刻注意保护家庭成员的人身安全，尤其是小孩，不可让其单独在街巷游玩，以防诱拐，也不能去危险之地。"市邑小儿，非有壮夫携负，不可令游街巷，虑有诱略之人也。"①

其二，关于奴婢等人的管理。袁采认为主仆均需遵守礼节，以利于管理和治家。首先，严格区分主仆界限，中门内外交流需通过专人传话；主家应早睡早起，监督奴婢的行为，因奴婢愚笨，治家需主家谋划，以防出错。其次，主家对奴婢应存宽恕之心，因奴婢见识短浅、性格执拗，若有过错，主家应同情，勿滥加惩罚；若有极其顽劣者，应及时送走，不可滥用私刑。最后，主家要关心奴婢生活，包括检点住所、关注其营生之术，

---

① 《袁氏世范·治家》。

还应关注其身体健康。此外，还要严格限制婢妾与奴仆、外人的接触，控制男女夜间赌博，挑选性格纯朴、做事严谨之人；主家应存恤佃户，对其多方帮助，搞好关系。"遇其有生育、婚嫁、营造、死亡，当厚赒之；耕耘之际，有所假贷，少收其息；水旱之年，察其所亏，早为除减。"①

其三，经营家产的系列思想。袁采主张积极开展农业活动，地多之家应主动修葺水利，发挥带头作用，避免用水冲突争斗。修建围墙、篱笆，保持田产界限清晰，做到和睦邻里，保证合法财产不受侵犯，同时也不侵犯他人财产。居家宜援助公共资产，如资助乡里造桥、修路等。正确看待田产交易，视其为平常事，不可欺人；交易应严格恪守法令，以免生争端，"官中条令，惟交易一事最为详备，盖欲以杜争端也"②；交易要怀有仁义之心，不可为富不仁，否则会遭报应。贷款交易也当存仁心，贷款利息应适当，不做高利贷，否则会影响自家子孙；贷款交易不能用兼并之术，为富不仁者虽法令难禁，但天道会使其受报应。

《袁氏世范》有别于以南北朝颜之推《颜氏家训》和北宋司马光《家范》为代表的家训类著作，它以平实且明白的语句，浅显又直率地进行论述。这体现出宋代士人的价值观出现了从理想到现实、从学术到世俗、从重理论到重经验及对世俗生活指导的转变。

总体而言，该书内容丰富、全面，涵盖家庭关系、个人修

---

① 《袁氏世范·治家》。
② 《袁氏世范·治家》。

养、人际交往、治家理财等诸多方面；贴近生活实际，将儒家伦理与百姓日常生活紧密相融，实用性强；语言平实易懂，规避高深理论，便于大众理解与接受。明清以来的乐清、政和县志均对其有所记录，众多学者和官员亦对其高度赞誉。《四库全书提要》评价道："于立身处世之道，反复详尽。所以砥砺末俗者，极为笃挚。……然大要明白切要，使览者易知易从，固不失为《颜氏家训》之亚也。"《袁氏世范》自问世以来，在历史上备受推崇，八百多年间多次刊印发行，在西方汉学界也备受关注并有译本，其思想与智慧得以广泛传播，成为中国传统文化的珍宝之一。

五、曾国藩与《曾文正公家训》

曾国藩（1811—1872），字伯涵，号涤生，湖南湘乡人，晚清重臣。他是湘军的创始人和领袖，亦是晚清杰出的政治家、军事家与理学家，与胡林翼并称"曾胡"。曾国藩为道光年间进士，曾出任四川乡试正考官、翰林院侍讲学士、内阁学士等职，后擢升礼部右侍郎，并历任兵、吏部侍郎。清咸丰二年底（1853年初），他奉旨组建湘军，以平定太平天国，成为晚清的重要倚仗，门生故旧遍布天下。咸丰十年（1860），曾国藩获授两江总督、钦差大臣，督办江南军务，不久加太子太保衔，封一等侯爵。次年，他支持恭亲王奕䜣主持洋务运动，积极兴办实业，倡导以平等外交姿态对待洋人，成为慈禧太后所倚重的宠臣。同治九年（1870），曾国藩奉旨处理"天津教案"，然而因其对洋人妥协退让而遭天下人唾骂，甚至被讽为"曾国贼"，以致积劳成疾，同治十一年（1872）于南京病逝，谥号文正。曾国藩与李鸿章、左宗棠、张之洞并称"晚清中兴四大名臣"。

曾国藩在学术领域建树颇丰，其一生践行程朱理学，同时对宋明儒学其他流派的思想也多有吸收。曾国藩开创了晚清古文的"湘乡派"，是湖湘文化的代表人物。曾国藩逝世后，清朝末年有人对其著作进行汇编，湖南传忠书局组织编纂的《曾文正公全集》，于光绪三年（1877）刊印。该全集收录了上千封家书，其论学论文、修身修德之内容，令人叹为观止。《曾文正公家书》（后人辑为《曾国藩家书》）十卷附《曾文正公家训》（后人辑为《曾国藩家训》）两卷，刊于光绪五年（1879），晚于《曾文正公全集》三年。在曾国藩的所有著作中，这两部影响最大，传播最为深广。

《曾文正公家书》主要是曾国藩写给家中长辈和同辈兄弟的书信，共有十卷。《曾文正公家训》基本上是曾国藩写给他的两个儿子——曾纪泽、曾纪鸿的书信，饱含父亲对儿子的教诲，故称为"家训"，分为上下两卷。内容涵盖持家、治学、

曾国藩像

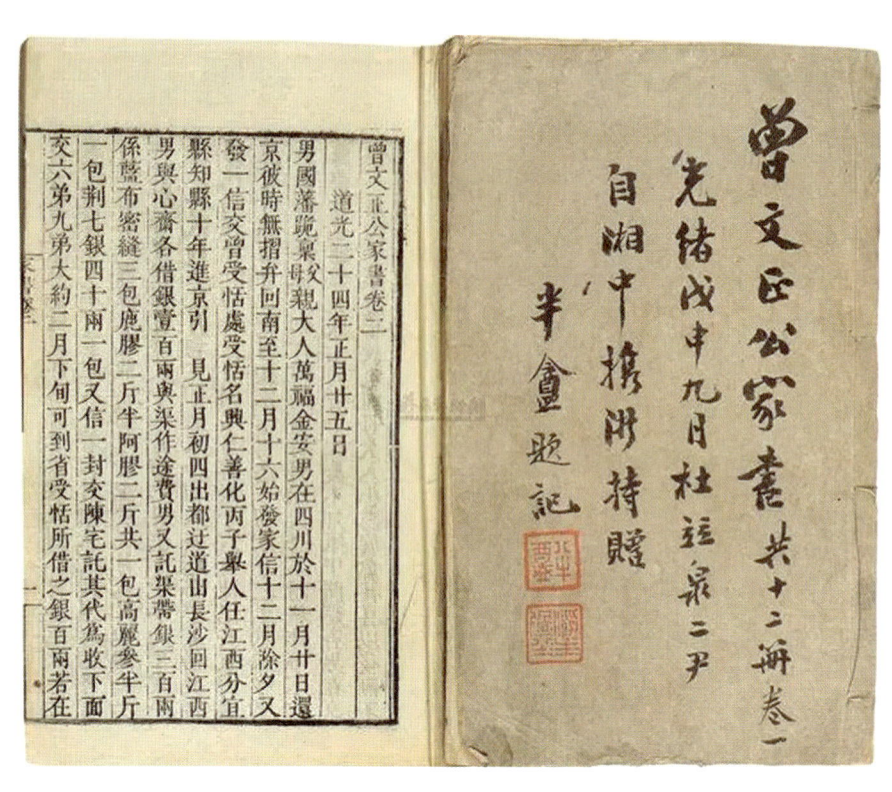

《曾文正公家书》书影

修身、为人、处世、养生等诸多方面。《曾文正公家训》问世后，广受社会赞誉。学者侯王渝称："言近旨远，意诚词恳。娓娓不倦，尤足振聩发聋，警顽立懦，使人涤瑕荡秽，化恶迁善，于转移风气，变化气质，所关匪浅。"①

《曾文正公家训》是曾国藩汲取宋明理学思想，直面社会现实，并结合自身实践感悟所形成的一套人生价值观念与家庭教育理念，主要包含立己处世之道、读书治学之道和养身养气之道三个方面（以下论述也包括部分家书内容）。

---

① 侯王渝：《中西文化在子女教育上的异同》，中央文献出版社1982年版。

1. 立己处世之道

其一，应立志成为明理经世之君子。

中国向来以读书做官为荣，然而曾国藩认为官场"功名之地，自古难居"，位高权重者尚难自保。他劝诫子女不要追逐功名利禄，不期望儿子为官，而是引领他们读书明理，修身成君子，做经世之才。"凡人多望子孙为大官，余不愿为大官，但愿为读书明理之君子。"[1] 何为君子？曾国藩认为君子有八德，即勤、俭、刚、明、忠、恕、谦、浑，强调"君子之道，莫大乎与人为善"[2]。

曾国藩教导子弟，吾辈读书只为两事："一者进德之事，讲求乎诚正修齐之道，以图无忝所生；一者修业之事，操习记诵词章之术，以图自卫其身。"[3] 读书重在"进德"与"修业"，即"修身立德"与"修业谋生"。他鼓励子孙以读书为重，成就事业，成为广读书、知事理、为君子的人才，言"君子之立志也，有民胞物与之量，有内圣外王之业，而后不忝于父母之生，不愧为天地之完人"[4]。

其二，"不忮不求"是修身养性之本、为人处世之基。

曾国藩处理"天津教案"时，曾向儿子托付后事："余生平略涉儒先之书，见圣贤教人修身，千言万语，而要以不忮不

---

[1] 《曾文正公家训·谕纪鸿（咸丰六年九月二十九日）》。
[2] 《曾文正公家训·谕纪泽（咸丰八年十月二十五日）》。
[3] 《曾文正公家书·致诸弟（道光二十二年九月十八日）》。
[4] 《曾文正公家书·致诸弟（道光二十二年十月二十六日）》。

求为重。"①"不忮"即内心无嫉妒，无嫉妒则无怨恨；"不求"即内心无贪恋，对名利无非分之想。曾国藩认为，"忮"与"求"危害甚大，嫉妒之心与功利之心是为人之大患，他自省尚未完全清除，遂叮嘱儿子务必竭力戒除，"欲心地干净，宜于此二者痛下工夫，并愿子孙世世戒之"。唯有去除"忮""求"，秉持"不忮不求"之心态，方能树立高尚品格，提升德行修养。

其三，视"勤"为人生首要之义，务必克勤克俭。

"勤"在其提出的"八德"中居首位。他强调居家、居官、居军皆应以"勤"为本，"身勤则强，佚则病。家勤则兴，懒则衰。国勤则治，怠则乱。军勤则胜，惰则败"②。在他看来，家庭兴衰与"勤俭"相关，"兴家之道，不外内外勤俭"。纵观曾国藩家书，他多次教导子弟保持克勤克俭之风，告知子女"无论大家小家、士农工商，勤苦俭约，未有不兴，骄奢倦怠，未有不败"③。不论处于何种社会阶层，保持勤俭，便没有不兴盛者；习惯骄奢，则必衰败。

其四，"孝亲友悌"是其家庭伦理的核心思想，亦是其毕生践行之道德准则。

曾国藩一生重视孝悌，坚持孝敬父母、友爱兄弟姊妹。在写给儿子的家信中，多有涉及其子女孝亲友爱之内容。他言"吾教子弟不离八本、三致祥"，其中"养亲以得欢心为本"，

---

① 《曾文正公家训·谕纪泽纪鸿（同治九年六月初四）》。
② 《曾文正公全集·书信·致宋梦兰》。
③ 《曾文正公家训·谕纪鸿（咸丰六年九月二十九日）》。

孝敬父母就要让他们有欢喜心，且于"三致祥"中首重"孝致祥"，足见其对孝养父母之重视。曾国藩教导儿子孝养父母的同时，也叮嘱曾纪泽与岳父母多往来。为使家运昌盛不衰，曾国藩希望诸弟相亲相爱，教导儿子敬爱亲人、尊老敬老、友爱宗族邻里，如此方能获得尊重与爱戴。其言："尔当体我此意，于叔祖、各叔父母前尽些爱敬之心，常存休戚一体之念，无怀彼此歧视之见，则老辈内外必器爱尔，后辈兄弟姊妹必以尔为榜样。"①

2. 读书治学之道

其一，曾国藩高度重视家教与读书，认为读书旨在明理。

曾氏家族以耕读传家，重视读书。曾国藩认为："人之气质，由于天生，本难改变，惟读书可变化气质。"② 其家书多谈及晚辈学习成长问题，足见其对家庭教育与学习的重视。他告诫家人勿存世代为官之念，应勤俭持家，做好耕读之事，不仅反复劝勉子弟努力学习，还为之列出具体课程表。

读书学习目的非为做官，而是成明理君子。"凡人多望子孙为大官，余不愿为大官，但愿为读书明理之君子。"③ 此目标要求并不低。他对弟弟提出学习做人的目标，"不如安分耐烦，寂处里斗，无师无友，挺然特立，作第一等人物"④。在曾国藩看来，读书明理之君子即第一等人物，非高官显位者。

---

① 《曾文正公家训·谕纪泽（咸丰八年十二月三十日）》。
② 《曾文正公家训·谕纪泽纪鸿（同治元年四月二十四日）》。
③ 《曾文正公家训·谕纪鸿（咸丰六年九月二十九日）》。
④ 《曾文正公家书·致诸弟（道光二十五年二月初一）》。

其二，曾国藩强调做学问需有志、有识、有恒。

"盖士人读书，第一要有志，第二要有识，第三要有恒"①，读书治学需有远大志向、坚强意志与恒心，以促进道德成长、学业进步及品性素养的提升，三者缺一不可。他激励子侄读书治学先"立志"，"有志则断不甘为下流"，"志"为读书做学问之目标。"学问之道无穷，而总以'有恒'为主"，"恒"为过程，读书治学需持之以恒，有此"有恒"态度"则断无不成之事"。治学的"识"为结果，有见识就会知道学问是无穷尽的，不敢因一点收获就自我满足，方能真正学有所成，成为有识之人。他在家书中多次提及专一耐心的重要性："穷经必专一经，不可泛骛。……读经有一耐字诀。一句不通，不看

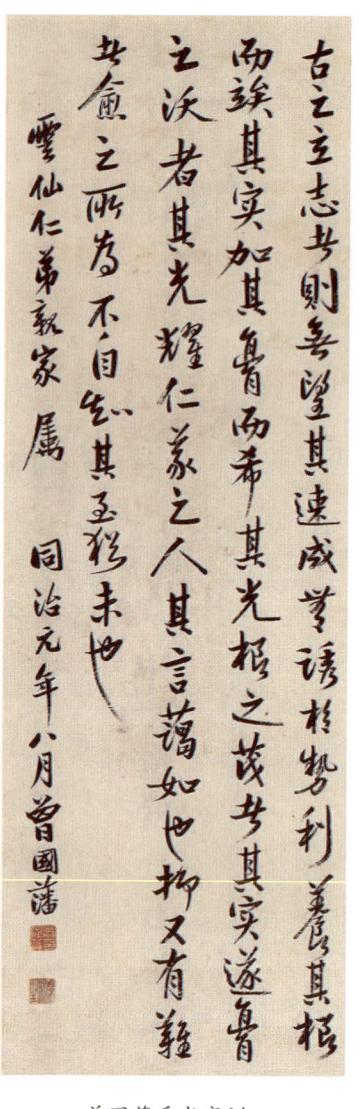

曾国藩手书家训

下句；今日不通，明日再读；今年不精，明年再读。"他告诫子弟读书须精心钻研，专心、专一，不可泛骛变换，"但当读

① 《曾文正公家书·致诸弟（道光二十二年十二月二十日）》。

一人之专集，不当东翻西阅。……此一集未读完，断断不换他集"①。曾国藩反复强调专心、耐心之重要性，唯有如此，方能学有所成。

其三，曾国藩劝勉子弟从师择友，取名师之益，去损友之损。

他对四弟言："今四弟意必从觉庵师游，则千万听兄嘱咐，但取明师之益，无受损友之损也。"② 意即应拜名师指导，定会有所长进，同时需远离损友。对待师友应谦恭和敬畏，"或师或友，皆宜常存敬畏之心，不宜视为等夷，渐至慢亵，则不复能受其益矣"③。无论师友，曾国藩强调应向他们多请教、多交流，共同进步。他还提醒要注意与同学相处，勿懒散懈怠、沉溺嬉戏，"兄所最虑者，同学之人无志嬉游，端节以后放散不事事，恐弟与厚二效尤耳。切戒切戒。"④

其四，曾国藩认为读书学习需"看、读、写、作"有机统一。

"读书之法，看、读、写、作四者，每日不可缺一。"⑤ "看"与"读"侧重知识积累，"写"与"作"侧重技巧锻炼。读书捷径为"看"经典，曾国藩列举经史子集精粹著作进行推荐。"读"分高声朗诵与密咏恬吟，强调"读"要专心，多吟诵以体会其必要性。"写"指写字，曾国藩鼓励儿子养成习字

---

① 《曾文正公家书·致诸弟（道光二十三年正月十七日）》。
② 《曾文正公家书·致诸弟（道光二十三年正月十七日）》。
③ 《曾文正公家书·致温弟（道光二十三年六月初六）》。
④ 《曾文正公家书·致诸弟（道光二十三年正月十七日）》。
⑤ 《曾文正公家训·谕纪泽（咸丰八年七月二十一日）》。

习惯并教授方法。"作"指多练文章，包括诗、古文、赋等。曾国藩认为写作应早打基础，过而立之年则长进极难，勉励儿子"少年不可怕丑，须有狂者进取之趣"[①]。他还强调要记录读书所思所想，多写读书札记，便于温习回顾。在这四法中，他谈"读"最多，其次为"作"。

3. 养身养气之道

鉴于自身多病及担忧诸弟子侄身体虚弱，曾国藩深切认识到身心健康的重要性，故而主张注重养生以修身、养气以修心，强调内外兼修、动静结合。其养生之道朴实易行，多从生活小事入手。"养生之法约有五事：一曰眠食有恒，二曰惩忿，三曰节欲，四曰每夜临睡洗脚，五曰每日两饭后各行三千步。"[②]概括而言，即"眠食有恒""惩忿节欲""劳逸结合"。

眠食有恒，即饮食起居规律有序。在曾国藩看来，吃饭睡觉虽是日常小事，却对身心健康影响颇大。他谨遵祖训，主张饮食起居要有规律，屡次叮嘱身体虚弱的儿子，要在眠食方面下功夫，睡眠和饮食关键在于有"时刻"，需定时定量。曾国藩曾与友人提及："纪泽身体亦弱，吾教以专从眠、食二字上用功，眠所以养阴也，食所以养阳也。养眠贵有一定时刻，而戒其多思；养食亦贵有一定时刻，而戒其过饱。"[③]

惩忿节欲，意为不生气或少生气，控制自身欲望。若不能

---

① 《曾文正公家训·谕纪泽（咸丰八年七月二十一日）》。
② 《曾文正公家书·致四弟（同治五年六月初五）》。
③ 《曾文正公全集·书信·复陈远济（同治五年五月十二日）》。

曾国藩墓

较好地调节情绪，喜怒无常且不知节制，必然不利于养生。要想少恼怒，需进行心性修炼，练就宽阔宏大的胸襟，以保持心境平和。在他看来，养生须先治心，治心要从"静"着手，将"静心"作为养身之法，一张一弛，使精神保持饱满。

劳逸结合。曾国藩重视身体保健，注重劳逸结合。他提倡"多动"的养生之法，认为饭后散步、多动筋骨，可增强抵抗力、促进消化、疏松筋骨、放松心情。他在信中叮嘱："每日饭后走数千步，是养生家第一秘诀。"[1]

曾国藩注重内在精神修养，追求人格境界的提升，强调"养气于身"，以达内圣外王之功，养气以修心，治心以修身。在其日记中，他具体指出："欲求行慊于心，不外'清''慎'

---

[1]《曾文正公家训·谕纪泽（咸丰十年十二月二十四日）》。

'勤'三字。"① 清者，做人应淡泊名利，克制私欲、抵御诱惑，净化内心，做事不苟且；慎者，人之一生应谨言慎行，兢兢业业，凡事未达预期则自我反省；勤者，做事需用心用力，勤奋劳作，力求极致，遇困则进，精益求精。孟子言"养吾浩然之气"，曾国藩注重培养自身浩然之气，强化心智，并将心得传授给子侄，勉励他们修养身心，提升道德力量，以内心正气应对外界困境。

《曾文正公家训》内容广泛，注重理论与实际生活的融合，具备较强的实操性。《曾文正公家训》为家庭教育提供了珍贵的经验与参照，具有重大的教育意义，丰富了中国传统文化的内涵。曾国藩在治家教子方面，能够依据子弟的各自特性顺势引导，宽严并施，潜移默化中促使子弟德才兼修，取得了良好成效，使曾氏家族的优良家风得以传承。曾氏后人大多勤勉好学、品德优良，在各自领域有所建树。曾国藩长子曾纪泽诗文书画皆精，且通过自学精通英文，成为清代著名外交家；次子曾纪鸿虽不幸早逝，但在古算学研究领域亦有显著成就。曾氏孙辈中有诗人曾广钧；曾孙辈中则有教育家和学者曾宝荪、曾约农等。

六、柳玭与《柳氏叙训》

柳玭（？—约894），京兆华原（今陕西耀州区）人，晚唐官员。他是兵部尚书、太子太保柳公绰之孙，唐朝名臣、书法家柳公权之侄孙，天平军节度使柳仲郢之子。

---

① 《曾文正公全集·日记》。

柳玭出身明经及第，被补授为秘书正字。他在书判拔萃科中表现出色，屡次升官，曾任左补阙。咸通末年（874），他担任昭义节度副使，后入朝任刑部员外郎。乾符年间（874—879），他出任岭南节度副使，黄巢攻占广州后，逃回长安，被任命为起居郎。中和初年（881），他前往成都行在（天子巡行所到之地），历任中书舍人、御史中丞。光启三年（887）起，柳玭以尚书右丞的身份暂代礼部贡举之职，录取郑谷、崔涂等人及第，后以吏部侍郎的身份修纂国史，被授予御史大夫之职。景福二年（893），柳玭因事获罪被贬为泸州刺史，约在次年去世。柳玭有文学才华，擅长楷书，著有《续贞陵遗事》一卷、《柳氏叙训》一卷，可惜都已失传。

唐代柳公绰一门显贵，柳公绰与其弟柳公权、其子柳仲郢、其孙柳玭等皆居高位。柳公绰、柳公权兄弟因为人正直、勇于进谏而闻名。柳公绰曾在平定内乱时立下战功，柳公权则常年伴于皇帝左右，担任谏官等职。柳家还以治家严谨著称，其家法成为人们教育子孙的典范。

柳玭家族为河东望族。柳玭的祖父柳公绰，"性谨重，动循礼法"（《旧唐书》）。柳公绰严谨治家，对弟弟和子侄的教育十分重视，只要不是朝谒的日子，都会让子弟待在书房一整天读书。"烛至，则命子弟一人执经史，躬读一过讫，乃讲议居官治家之法，或论文听琴，至人定钟，然后归寝。"这种习惯，柳氏子弟坚持了二十余年。柳玭的叔祖柳公权，是唐末著名书法家。唐穆宗曾向柳公权请教如何用笔才能写字臻于完美，柳公权答道："用笔在心，心正则笔正。"唐穆宗即位后，纵情享乐，怠于朝政，闻听此言，知柳公权一语双关，是劝诫自己为君一定要"心正"。唐文宗时，柳公权擢升为谏议大夫，且长期受到重用。柳公权去世时八十八岁，获赠太子太师。柳公绰、柳公权家族，理家甚严，子弟克禀诫训。柳氏门风数百年来为人所称道，当时"言家法者，世称柳氏云"。

《旧唐书·柳公绰传》对柳氏家法赞誉颇高："初公绰理家甚严，子弟克禀诫训，言家法者，世称柳氏云。"柳玭生活于晚唐时期，经历黄巢起义，目睹昔日世家大族在乱世中的衰败没落，甚至惨遭灭族之祸。作为柳公绰、柳公权的后人，对比家族的兴衰，柳玭已意识到当时的社会危机，因此将传承门第家风之事托付给子孙后代。正如他在《柳氏叙训》中提及："丧乱以来，门祚衰落，清风素范，有不绝如线之虑。当礼乐崩坏之际，荷祖先名教之训，弟兄两人，年将中寿，基构之重，属于后生。"

柳玭在广明之乱后撰写了《柳氏叙训》一书。此书完成于汉唐以来以世家大族为主体的传统社会行将瓦解之时，留存了唐代名门望族遵循礼法家规的珍贵记录。宋以后，此书失传。《新唐书·艺文志二》《宋史·艺文志二》"史部·传记类"对此书有所著录，晁公武的《郡斋读书志》中亦有记载。从现存著录文本次序看，书中前半部分主要记录了柳玭祖父柳公绰、祖母韩氏及其先人韩滉、叔祖柳公权、父亲柳仲郢、母亲韦氏及其先人韦贯之等坚守家族礼法的事迹，接着罗列了众多世家因立身有失而致破家亡身的事例，进而引发了关于守家循法的诸多议论。该书旨在阐明柳氏家法的基本准则，告诫家族子弟务必谨遵礼法，维护家族的世代基业，同时对当时诸多贪腐不良行径予以批判。

1. 守家正家之道

《柳氏叙训》中的重要观点是"正家之道"，特指名门望族永葆家业、匡正家风之法。在开篇，柳玭直陈"夫门第高者，可畏不可恃"，意即名门望族当心存敬畏，不可仗势骄纵。之所以需心存敬畏，是因为"一事有坠先训，则罪大于他人。虽生可以苟取名位，死何以见祖先于地下"。不遵祖训，即便生前获虚名，死后亦无颜见先人。而不可仗势骄纵，是由于"门高则自骄，族盛则人之所嫉。实艺懿行，人未必信；纤瑕微累，十手争指矣"。即门第高者易招他人嫉恨，人们未必信其有真才实学，而名门子弟一旦犯错，便会被人争相批评。

当时柳氏堪称官宦世家，柳玭期望子孙居高位时能心怀敬畏，铭记祖训，不可仗势妄为。名门子弟更应勤勉修身、笃志治学，以取信于人，即"所以承世胄者，修己不得不恳，为学不得不坚"。柳玭还以"农夫粗放耕种却怨天不滋润"的事例，说明"无能无善者"欲获他人认可更为艰难。尤其要做到"可畏不可恃"，柳玭本人便是典范。据《柳氏叙训》载："孝公房舅谓余弟兄曰：'尔家虽非鼎甲，然中外名德冠冕之盛，亦可谓华腴右族。'玭自闻此言，刻骨畏惧。"当柳玭听闻他人夸赞自家显赫时，未生骄矜之心，反倒愈发敬畏谨慎。无论是为家族荣誉，还是为个人前程，高门子弟都应谨言慎行，强化道德文化修养，切勿张狂自大，做出辱没祖先之事，这才是名门望族的持家正道。

遵循礼法是柳氏家训的另一重要内容，强调居家和为官都需谨遵礼法，不可肆意妄为，更不能亵渎轻慢。《家范》就曾记载，柳公绰"在公卿间，最名有家法"。《柳氏叙训》则曰："先公以礼律身，居家无事，亦端坐拱手。出内斋，未尝不束带。"如此无分内外，谨遵礼法，在士大夫中赢得很高声誉，牛僧孺即因此感叹："非积习名教，不及此。"文中引用柳玭晚年严格遵循礼法的一些事迹，如前往东川拜见节度使时守礼严谨持重，晚间见到同族弟的幞头不符合规范而拒绝相认等。

此外，柳氏还着重强调"恤贫"与"尚俭"。家族纷争最大的原因往往在于贫富不均，故历代家训都有对同族孤寒之人予以体恤的要求，柳氏也不例外。《家范》曾提到其祖柳公绰："姑姊妹侄有孤嫠者，虽疏远，必为择婿嫁之，皆用刻木妆奁，缬文绢为资装。常言：必待资装丰备，何如嫁不失时。"尽管祖先基业雄厚，但子孙若只知追求奢华，难免导致家道衰落。据史书记载，其祖母韩氏，"家法严肃俭约，为缙绅家楷范"，尽管其父亲韩皋为仆射，其子柳仲郢加使相，尊贵至极，但她"常衣绢素，不用绫罗锦绣"，保持着俭朴的生活作风。

2. 修身立身之道

在历代家训作品中，修身之道都是不可或缺的内容。柳玭于其家训中同样着重强调修身养德的重要性，其中涵盖柳氏先人对修身的要求，如"幼闻先训，讲论家法。立身以孝悌为基，以恭默为本，以畏怯为务，以勤俭为法，以交结为末事，以气义为凶人"。此为柳玭年少时聆听先人教诲所记录的柳氏家法。柳氏先人既期望子孙孝顺父母、敬重兄长，又要求其恭敬少言、谨小慎微、勤劳节俭。与人交往仅为微不足道之事，对修身立德并无太大益处，而背信弃义则会遭人鄙夷，必须坚决杜绝。在柳玭看来，立身处世主要依赖个人品德修养的提升与践行，而非外界因素的作用。柳玭所倡导的孝悌、恭默、畏怯等，都契合儒家的道德标准。为维系优良家风，柳氏家训规定家族成员应谨言慎行，严格要求自己。要善于自我反省，"百行备，疑身之未周；三缄密，虑言之或失"。时常反思自己的言行是否存在过失。他在家训中频繁提及"士君子""君子"等，期望柳氏子孙以"君子"的标准来进行自我约束。

3. 治学出仕之道

柳玭告诫子孙，不要倚仗门第骄傲自大，必须勤奋读书，提高自身修养和才干，才能为世所用。在《柳氏叙训》中，柳玭将读书之人分为三等："夫中人以下，修辞力学者，则躁进患失，思展其用；审命知退者，则业荒文芜，一不足采。唯上智则研其虑，博其闻，坚其习，精其业，用之则行，舍之则藏。苟异于斯，岂为君子？"即中等以下之人，苦读诗书、勉力奋进，然急功近利且恐失施展抱负之机；那些信命知难而退者，多荒废学业，无可取之处；唯有"上智"之人，能磨砺思维，拓展见闻，坚守习性，精研学业，世需则出仕，世不需则隐退。唯有此等之人，方可称为君子。由此，柳玭通过对比表明，唯有那些砥砺前行、勤奋治学的"上智"之人方为君子，以此警示柳氏子弟勿做"中人以下"或"审命知退"者。

这种勤于治学的家风自柳公绰起就已然存在，史书载柳公绰"退必读书，手不释卷"。很多柳氏子弟能够在年轻时科举及第步入仕途，也得益于这种严谨治学之风。

柳玭提倡积极入世，反对独善其身而自保。在社会动荡之际，许多人选择远离官场以避祸端，柳玭觉得，此乃自私之举，自求安逸是与兼济天下的理想相违背的自私心态。身为君子，理应积极承担起拯救民众、匡正世事的责任。

《柳氏叙训》主张做官要正直廉洁，守法养民，切不可贪赃枉法、心胸狭窄。"莅官则洁己省事，而后可以言守法，守法而后可以言养人。直不近祸，廉不沽名。廪禄虽微，不可易黎氓之膏血；榎楚虽用，不可恣褊狭之胸襟。"柳玭还指出，做官不可沽名钓誉，过分追求功名。当世某些家族的子孙只喜好冒犯尊长，别无所能，导致其家族衰败。"广记如不及，求名如悦来，去吝与骄，庶几减过。"求取功名不应过于执拗，应如同不经意间获得一般。柳氏家族三代皆任高官，享尽荣华，也历经宦海沉浮，深知官场险恶。加之国家内困外忧，盛世已去，倘若一味地追逐名利，极有可能迷失自我，惹来祸端。

《柳氏叙训》内容丰富详尽，涵盖治家、修身、治学、出仕等诸多方面，塑造了唐代旧族自觉遵循家法规范的典型形象。其内容体现了唐末社会的实际情形以及士人的真实心态，字里行间满是对个人命运和国家前途的深切忧虑，透露出浓厚的忧患意识。《柳氏叙训》大体上沿袭了我国传统家训的道德伦理观念，即把德行修养置于首位、为官应当清正廉明、治学需要勤奋刻苦等。柳玭家训在宋代流传甚广。柳氏家族以家学和礼法在士大夫中闻名，他们所制定的各类家法礼仪完备周全，因此当其他家族存有疑问时，常常参照柳氏家礼，宋以后许多名家在训诫子孙、谈论家法时，常会列举"柳玭诫子"的事例。

第四章　言传身教：中华优秀家风故事（一）

言传，即用言语讲解、传授；身教，即以行动示范。言传身教就是既用言语来教导，又用行动来示范。言教是教育的基本形式，但有些教育功能不是单纯的语言教导所能做到的，《庄子·天道》说："语之所贵者意也，意有所随。意之所随者，不可以言传也。"从某种意义上讲，以身作则比口头上的教育更为重要，更能发挥教育的功用。范晔《后汉书·第五伦传》曰："以身教者从，以言教者讼。"言传身教成为最普遍、最典型的教育方式。在中国家风传承发展史上，有许多言传身教的典型。

一、谦卑自律：周公《诫伯禽书》

《诫伯禽书》是中国历史上已知最早的家训，是周公写给儿子伯禽的家书。周公姓姬名旦，是周文王第四子，周武王的弟弟，因其采邑在周，故称周公，是西周初期杰出的政治家、军事家、思想家。《尚书大传》将周公一生的功绩概括为："一年救乱，二年克殷，三年践奄，四年建侯卫，五年营成周，六年制礼乐，七年致政成王。"

周公摄政七年，"制礼作乐"，制定和推行了一套维护宗法和上下等级的典章制度，完善了宗法制、分封制、井田制和嫡长子继承制。这些制度最大的特色是以宗法血缘为纽带，把家族和国家融合在一起，把政治和伦理融合在一起。这些制度，就是所谓的礼乐制度，即儒家创始人孔子一生追求和向往的周礼，对中国传统社会产生了极大的影响。

周朝建立后，为了巩固其在全国的统治，实行分封制，在全国封立了71国，在今山东地区的封国主要有齐、鲁、曹、滕、郜等，其中以齐、鲁两国最大，也最为重要。《史记·周本纪》记载：武王克商后，"封功臣谋士，而师尚父为首封，封尚父于营丘，曰齐。封弟周公旦于曲阜，曰鲁"。周公因佐助武王未赴鲁就国，使其子伯禽代为就国。

周公是周文王的儿子、周武王的弟弟，周朝对周公的封赐特别优厚。鲁国拥有许多其他封国没有的彝器，拥有祝、宗、卜、史四官，可郊祭文王、享有天子礼乐等文化特权。正是因为鲁国的特殊性，周公对伯禽代其就国十分重视。他语重心长地对儿子伯禽曰："我文王之子，武王之弟，成王之叔父，我于天下亦不贱矣。然我一沐三捉发，一饭三吐哺，起以待士，犹恐失天下之贤人。子之鲁，慎无以国骄人。"大意是说：我是文王的儿子，武王的弟弟，成王的叔叔，

周公像

我在天下的地位也不算低了。可是，我沐浴时要多次停下来，握着已经散开并水湿的头发接待有识之士；吃一顿饭也要多次停下来，唯恐因怠慢而失去人才。你就封到鲁国，不要因为是受封的国君就怠慢、轻视国人啊！

伯禽是周公旦的长子，生卒年不详，是鲁国的第一任国君。伯禽就国前，周公告诫他说：

> 君子不施其亲，不使大臣怨乎不以。故旧无大故则不弃也，无求备于一人。

> 君子力如牛，不与牛争力；走如马，不与马争走；智如士，不与士争智。

> 德行广大而守以恭者，荣；土地博裕而守以俭者，安；禄位尊盛而守以卑者，贵；人众兵强而守以畏者，胜；聪明睿智而守以愚者，益；博文多记而守以浅者，广。去矣，其毋以鲁国骄士矣！

这就是著名的周公《诫伯禽书》，其大意是：有德行的人不怠慢他的亲戚，不让大臣抱怨没被重用。老臣、故人如果没有严重的过失，就不要抛弃他们，要宽以待人，不求全责备。有德行的人，即使力气比牛大，也不必与牛比较力气的大小；即使飞奔如马，也不必与马比较奔跑的速度；即使智慧如士，也不必与士比较智力的高下。德行广大者以谦恭的态度自处，便会得到荣耀。土地广阔富饶而用节俭的方式生活，便可生活平安；官高位尊而用卑微的方式自律，便显得更加尊贵；兵多将广而以畏怯的心理坚守，你就能获胜；聪明睿智而用憨厚的态度处世，你会获益良多；博闻强记而以朴拙自谦，你将见识更广。去鲁国上任，千万不要因为鲁国与宗室的特殊地位而以骄傲的心态对待士人啊！

周公《诫伯禽书》的内容分为三个层面。

第一，宽容待人。做人要有宽宏的气量，不计较得失，不求全责备。特别是对待年老的大臣，要格外尊重，如果他们没有明显的过错，就要予以信任和重用。

第二，勿逞强好胜。应低调处事，即便是自己的才华和能力优于别人，也不要处处喜欢超过别人。

第三，谦卑自律。越是条件优越，越要谦虚谨慎，不要自高自大，更不能以骄傲的心态对待有能力的士人。

周公对儿子谆谆教诲，伯禽也没有辜负父亲的期望。伯禽就国后，短短几年的时间，就把鲁国治理成民风淳朴、崇礼重教的礼仪之邦。

周公庙（山东曲阜）

鲁国地处泰山之南的平原地带，汶水、沂水贯其境，适宜农耕。《史记·货殖列传》曰："沂、泗水以北，宜五谷桑麻六畜……鲁好农而重民。"伯禽到鲁国后，不遗余力地推行周礼。据《史记·鲁周公世家》记载：伯禽初受封到鲁地，三年后报政周公，周公曰："何迟也？"伯禽曰："变其俗，革其礼，丧三年然后除之，故迟。"所谓"变其俗，革其礼"，显然是变革殷礼而推行周礼，是伯禽认真落实周公训诫去推行礼乐教化。其后，鲁国历代统治者多遵循这一做法，礼乐文化遂成为鲁国社会的特色。《左传·昭公二年》记载，晋侯使韩宣子出使鲁国，观书于太史氏，见《易象》与《鲁春秋》，曰："周礼尽在鲁矣。吾乃今知周公之德，与周之所以王也。"所谓"周礼尽在鲁"，是说鲁国是西周典籍和文物制度保留最多的国家，是公认的东方各地的文化中心。这既是对鲁国礼乐文化兴盛的生动描绘，也是对伯禽及其后继者遵照周公训诫积极推行周礼的肯定。

周公庙（河南洛阳）

二、以己为戒：刘邦《手敕太子文》

刘邦，字季，沛县丰邑（今属江苏丰县）人，西汉王朝的建立者，是中国历史上杰出的政治家、军事家。

刘邦生逢乱世，年轻时并未读过书。唐代诗人章碣《焚书坑》诗曰："竹帛烟销帝业虚，关河空锁祖龙居。坑灰未冷山东乱，刘项原来不读书。"诗中说刘邦不读书，一点也不过分。起初，刘邦不但自己不读书，而且对读书人特别蔑视。《史记·郦生陆贾列传》记载：刘邦不喜欢儒士，一些头戴儒冠的人去拜见他，他动不动就把人家的儒冠摘下来往里边撒尿。与人说话的时候，常常会口吐脏话，破口大骂。刘邦的行为，在秦末乱世那个特殊的时代，也不足为怪。他举兵反秦，急需能冲锋陷阵、敢打敢杀的人，而手无缚鸡之力的儒士，其作用很难显现出来，所以刘邦轻蔑儒士。

汉高祖像

公元前202年，刘邦在山东定陶氾水之阳举行登基大典，国号汉。当时，陆贾不断在刘邦面前谈论《诗》《书》等儒家经典对治国理民的作用，刘邦听到后十分反感，破口大骂陆贾道："乃公居马上而得之，安事诗书！"

意思是："老子的天下是在马上南征北战打下来的，与《诗》《书》有什么关系！"陆贾也不含糊，回答道："陛下能在马上取得天下，难道也要在马上治理天下吗？商汤和周武王皆以武力征服天下，然而他们取得天下后却顺应时势及时改变了策略，以文治守成。历史证明，文治武功并用，才是国家的长治久安之策，秦朝正是因为一味严刑峻法而不知转变治国方略才导致国家灭亡的。假如秦朝统一天下后及时调整政策实行仁义之道，那么，陛下又怎么能够取得天下呢？"刘邦听到陆贾的这段话，虽然不高兴，但脸上还是露出了惭愧的神情。他对陆贾说："既然你这么说了，那么你就总结一下秦朝之所以失去天下、我之所以得到天下的原因吧？"

于是，陆贾开始写文章论述国家兴衰存亡的征兆和原因。他连续写了十二篇。"每奏一篇，高帝未尝不称善，左右呼万岁，号其书曰《新语》。"这件事对刘邦的触动很大，刘邦也慢慢改变了对儒士的态度，逐渐认识到了读书的重要性，懂得了"马上得之不可以马上治之"的道理。相传，在决定立刘盈为太子后，他写下《手敕太子文》给太子，用自己的亲身体验勉励太子要勤奋读书。

刘邦写《手敕太子文》时，已经病危，可以把《手敕太子文》看作刘邦给刘盈亲笔撰写的遗训。在这篇训示中，刘邦深悔早年轻薄读书人的言行，并现身说法告诫儿子为学的重要性。《手敕太子文》全文如下：

> 吾遭乱世，当秦禁学，自喜，谓读书无益。洎践阼以来，时方省书，乃使人知作者之意。追思昔所行，多不是。

尧舜不以天下与子而与他人，此非为不惜天下，但子不中立耳。人有好牛马尚惜，况天下耶？吾以尔是元子，早有立意，群臣咸称汝友四皓，吾所不能致，而为汝来，为可任大事也。今定汝为嗣。

吾生不学书，但读书问字而遂知耳。以此故不大工，然亦足自辞解。今视汝书，犹不如吾，汝可勤学习，每上疏宜自书，勿使人也。

汝见萧、曹、张、陈诸公侯，吾同时人，倍年于汝者，皆拜。并语于汝诸弟。吾得疾遂困，以如意母子相累。其余诸儿，皆自足立，哀此儿犹小也。

大意是：我生逢动乱不安的时代，正赶上秦皇焚书坑儒，禁止读书求学，我认为读书无用，对此却暗自高兴。直到登基后，我才感悟到读书的重要性，于是让人给我讲解书中的道理。回想起从前的轻薄行为，实在有很多不对的地方。尧舜不把天下传给自己的儿子，却禅让给别人，并不是不珍惜天下，而是因为他们的儿子不足以堪当重任。人拥有品种优良的牛马尚且十分珍惜，况且是天下呢？你是我的嫡长子，我早就有意立你为皇太子。大臣们都称赞你拥有商山四皓这样的朋友，我曾经邀请他们出山没有成功，今天他们却为你而来，由此看来你可堪当重任，现在我决定立你为皇太子。我平生读书不多，只是知道一些皮毛而已。因此文章写得不太工整，但还基本能够表达清楚自己的意思。现在看你所写的文章，还不如我。你应当勤奋学习，奏议应该亲手来写，不要让他人代笔。你见到萧何、曹参、张良、陈平等和我共同治理天下的各位长辈，以及岁数比你大的长者，都要依礼下拜，并要把这些话告诉你的弟弟们。我患病日久，体力困顿，特将如意母子俩托付给你照看。其余几个儿子，都足以自立了，我只是可怜如意年龄还小着呢！

这封短短几百字的家书，饱含了一位父亲的真情实感。刘邦作为父亲，能在儿子面前进行自我批评，

长陵（汉高祖墓）

难能可贵。"人非圣贤，孰能无过"，做父母的，在子女面前承认自己的缺点和不足，不仅不会有失尊严，且往往能使自己在孩子心目中的形象更加可亲可信。在《手敕太子文》中，我们看不到汉高祖刘邦一代帝王的风范，看到的是一个慈祥的父亲的形象。该文的核心，是刘邦在反思自己过去的基础上，以亲身体会谆谆告诫太子。主要内容有以下几点。

首先，勤奋读书。刘邦认真反思自己过去，认为读书太少，以致"多不是"。以自己的切身体验告诫太子，"汝可勤学习"。

其次，事必躬亲。身居高位的人，一些事让人代劳司空见惯。刘邦却告诫刘盈，奏章要自己亲手来写，不要让人代笔。

再次，尊敬长者。刘邦手下的大臣，多是和自己一同打天下的人，从年龄上看，都是刘盈的长辈。他们见多识广，社会经验丰富，刘邦告诫刘盈要尊重他们，多向他们请教。

最后，孝悌。孝悌，指对父母孝敬，对兄弟姊妹友爱。刘邦子女众多，他告诫太子刘盈要关照他的兄弟姊妹。

刘盈6岁时被立为太子。汉高祖十二年（前195）刘邦去世，16岁的刘盈即位，是为汉惠帝。汉惠帝在位期间，经济上轻徭薄赋，推行与民休息政策。思想文化上，尊崇黄老之学，无为而治。外交上，继续与匈奴实行和亲政策。这些措施，为汉初社会经济的发展提供了保障。

三、淡泊明志：诸葛亮《诫子书》

诸葛亮（181—234），字孔明，号卧龙，琅玡阳都（今山东省沂南县）人，三国时期蜀汉丞相，中国古代杰出的政治家、军事家、文学家。

诸葛亮早年随叔父诸葛玄到荆州，叔父去世后，诸葛亮在隆中隐居。刘备三顾茅庐，请其出山。诸葛亮向其提出了占据荆州和益州、联合孙权共同抗拒曹操的"隆中对"。刘备根据诸葛亮的设想和策略，成功取得荆州、益州之地，与孙权、曹操形成三足鼎立之势。章武元年（221），刘备称帝，诸葛亮被任命为丞相。刘禅继位后，封诸葛亮为"武乡侯"，领益州牧。诸葛亮勤勉谨慎，赏罚严明；与东吴联合，改善与西南各少数民族的关系；实行屯田政策，加强战备。他五次北伐中原，虽未能实现兴复汉室的目标，但志向远大，值得钦佩。终因积劳

诸葛亮像

成疾，于建兴十二年（234）病逝于五丈原（今陕西省宝鸡市岐山境内），享年54岁。后主刘禅追谥诸葛亮为"忠武侯"，后世常以"诸葛武侯"尊称他。

由于诸葛亮长期手握蜀国权柄，家族地位日隆，诸葛氏家族的影响越来越大，其子弟中难免有纨绔习气，这让诸葛亮十分忧虑。建兴十二年（234），诸葛亮患病，身体一日不如一日。当时其子诸葛瞻年仅8岁，诸葛亮担心他凭借家族的地位，不思进取，学无所成，对儿子的前途隐隐担忧。于是诸葛亮写信给哥哥诸葛瑾，称"瞻今已八岁，聪慧可爱，嫌其早成，恐不为重器耳"，托付哥哥诸葛瑾对其严加管教。临终前又作《诫子书》给诸葛瞻，予以劝诫和警示。《诫子书》全文如下：

夫君子之行，静以修身，俭以养德。非淡泊无以明志，非宁静无以致远。夫学须静也，才须学也，非学无以广才，非志无以成学。淫慢则不能励精，险躁则不能治性。年与时驰，意与日去，遂成枯落，多不接世，悲守穷庐，将复何及！

其大意是：品德高尚者，以清静修养心性，以俭朴培育德

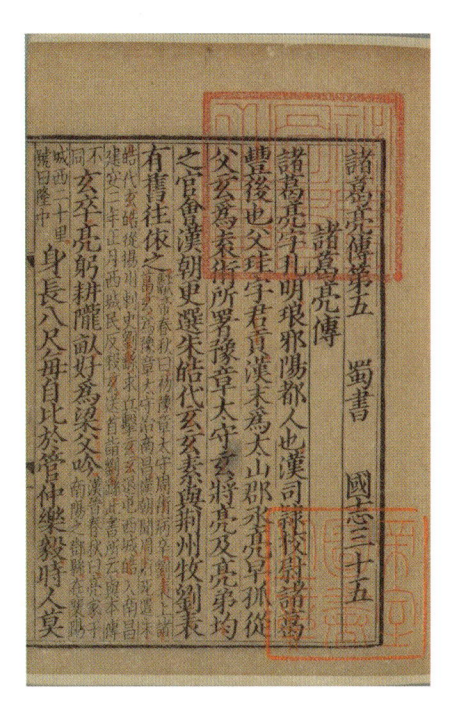

行。如果贪图名利富贵，就难以明确自己坚定的志向；如果不能潜心专一，就无法实现自己远大的理想。学习需要专心致志，而增长才干必须经过学习。不学习就不能增长自己的才干，没有志向就难以持之以恒。放纵轻浮，就不能振奋精神、奋发有为；过于浮躁，就难以修身养性、陶冶情操。随着年龄的增长，岁月会在不知不觉中流失，理想和意志也会随着岁月日渐消磨，最终难免

《三国志·诸葛亮传》书影

像枯枝落叶一样，精力衰竭，毫无生机。一个人如果对社会没有用处，社会就不会接纳他，只能悲戚地空守在简陋的房子里，想再努力也来不及了。

《诫子书》全文86字，言简意赅，内涵丰富，充满人生哲理，构成一个完整而严谨的育人体系。

首先，《诫子书》强调修身，要做一个品德高尚的君子。做君子就要修身养德，修身需要清静，养德需要节俭。"静以修身"强调清静对心性养成的作用，"俭以养德"则强调节俭对品德养成的作用。修身养德是成才的前提，是日后大有作为的基础。

其次，《诫子书》强调做人要低调，要学会淡泊和宁静。

"淡泊"有多重含义,指生活上不声色犬马,思想上不急功近利,即便身居高位,也以平常心处之。"宁静"指内心安宁,无私心杂念,不焦虑烦躁,达到内心世界恬静自如的境地。但"淡泊"不是所谓看破红尘、无所作为,"宁静"不是无所事事、懒惰松懈,而是要在繁杂的世界上,面对各种利益诱惑,保持淡泊宁静的心态,树立远大理想,坚定远大志向,并为之努力奋斗。

再次,《诫子书》阐释了"志""才""学"三者的辩证关系。人必须经过学习才能成才,不学习就难以积累知识、增长才干。而长期专心致志地学习,需要有远大的理想来支撑,不志存高远,就难以持之以恒。因此,立志是成才的关键。

最后,《诫子书》劝诫诸葛氏子弟要珍惜时间。每个人的生命都有时间限度,光阴易逝,时不再来。因此,不要虚度年

南阳郡邓县古隆中(湖北襄阳)

"千古人龙"石牌坊（河南南阳）

华，要趁年轻，勤奋读书，刻苦学习，为将来立业奠定基础。如果一个人无所作为，不能为社会做贡献，久而久之就会被社会所淘汰，只能空留悲切。

通篇来看，《诫子书》训劝结合，寓理于情，是一位父亲对儿子的谆谆教诲，是对子孙后代关爱和负责的体现，也是对社会责任担当的体现。

诸葛瞻在《诫子书》的教诲和影响下，迅速成长。延熙六年（243），授以骑都尉。次年，又升为羽林中郎将，负责护卫皇宫。后升迁为射声校尉、侍中、尚书仆射，加官军师将军。景耀四年（261）出任行都护、卫将军，与辅国大将军南乡侯董厥共同执掌尚书台事务，统领国事，成为蜀汉政权的重要人物。

炎兴元年（263）冬天，魏国征西将军邓艾奇袭阴平（今甘肃文县），诸葛瞻率军抵抗。由于蜀军未能迅速抢占有利地势，致使邓艾长驱直入，蜀军兵败。诸葛瞻退守绵竹，邓艾遣使送信诱降诸葛瞻。面对诱惑，诸葛瞻不为所动，怒斩邓艾使者，然后率军出战，死于阵中，年仅37岁。诸葛瞻长子诸葛尚在军败后没有退却，亦冲入阵内战死。

干宝在《晋纪》中称诸葛瞻"外不负国，内不改父之志，忠孝存焉"。郝经在《续后汉书》中评价诸葛瞻说："孔明之一子及孙慨然赴义，与国俱灭，巍巍义烈，高视两京，五百年所无有也。壮哉谌也！后主为有愧矣。勇哉尚也！过夫瞻矣。"在成都武侯祠殿壁上，嵌有清代安岳令洪成鼎题《乾隆壬辰秋月过绵竹吊诸葛都尉父子双忠祠》诗碑："国破难将一战收，致使疆场壮千秋。相门父子全忠孝，不愧先贤忠武侯。"诸葛瞻为国尽忠，获得后世赞誉，不能不说与受到《诫子书》的影响有关。

四、诗示儿曹：韩愈《示儿》诗

韩愈（768—824），字退之，河南河阳（今河南孟州市）人，一说怀州修武（今河南修武县）人，自称"郡望昌黎（今辽宁省义县）"，世称"韩昌黎""昌黎先生"。唐朝著名文学家、思想家。

韩愈3岁而孤，随兄韩会生活。在韩愈12岁时，其兄韩会被贬为韶州刺史，到任不久就死在任所。韩愈自念孤儿，苦读经书，贞元八年（792）中进士，开始进入仕途。贞元十九年（803）被贬为阳山县令。元和十二年（817），出任宰相裴度的行军司马，参与平定"淮西之乱"。元和十四年（819），又因谏迎佛骨被贬为潮州刺史。唐穆宗时再次被召入朝，拜国子祭酒，累迁吏部侍郎，人称"韩吏部"。长庆四年（824），韩愈病逝，时年五十七岁，追赠礼部尚书，谥号为"文"，故称"韩文公"。元丰元年（1078），追封昌黎郡伯，从祀孔庙。韩愈是唐代古文运动的倡导者，名列"唐宋八大家"之首，有"文章巨公"和"百代文宗"之名。与柳宗元并称"韩柳"。著有《韩昌黎集》等。

韩愈像

《示儿》是韩愈于元和十年（815）写给儿子的一首五言古诗。全文如下：

>始我来京师，止携一束书。
>辛勤三十年，以有此屋庐。
>此屋岂为华，于我自有余。
>中堂高且新，四时登牢蔬。
>前荣馔宾亲，冠婚之所于。
>庭内无所有，高树八九株。

有藤娄络之，春华夏阴敷。
东堂坐见山，云风相吹嘘。
松果连南亭，外有瓜芋区。
西偏屋不多，槐榆翳空虚。
山鸟旦夕鸣，有类涧谷居。
主妇治北堂，膳服适戚疏。
恩封高平君，子孙从朝裾。
开门问谁来，无非卿大夫。
不知官高卑，玉带悬金鱼。
问客之所为，峨冠讲唐虞。
酒食罢无为，棋槊以相娱。
凡此座中人，十九持钓枢。
又问谁与频，莫与张樊如。
来过亦无事，考评道精粗。
跉跉媚学子，墙屏日有徒。
以能问不能，其蔽岂可祛。
嗟我不修饰，事与庸人俱。
安能坐如此，比肩于朝儒。
诗以示儿曹，其无迷厥初。

在《示儿》中，韩愈以自己从默默无名的寒士经过三十年的勤奋读书才得以入仕为官的经历，现身说法，强调勤奋读书的重要性。他说："始我来京师，止携一束书。辛勤三十年，以有此屋庐。"强调自己的这份家产是三十年勤奋读书的结果。韩愈也希望儿子像自己一样，为了理想不懈努力，勤学苦读而

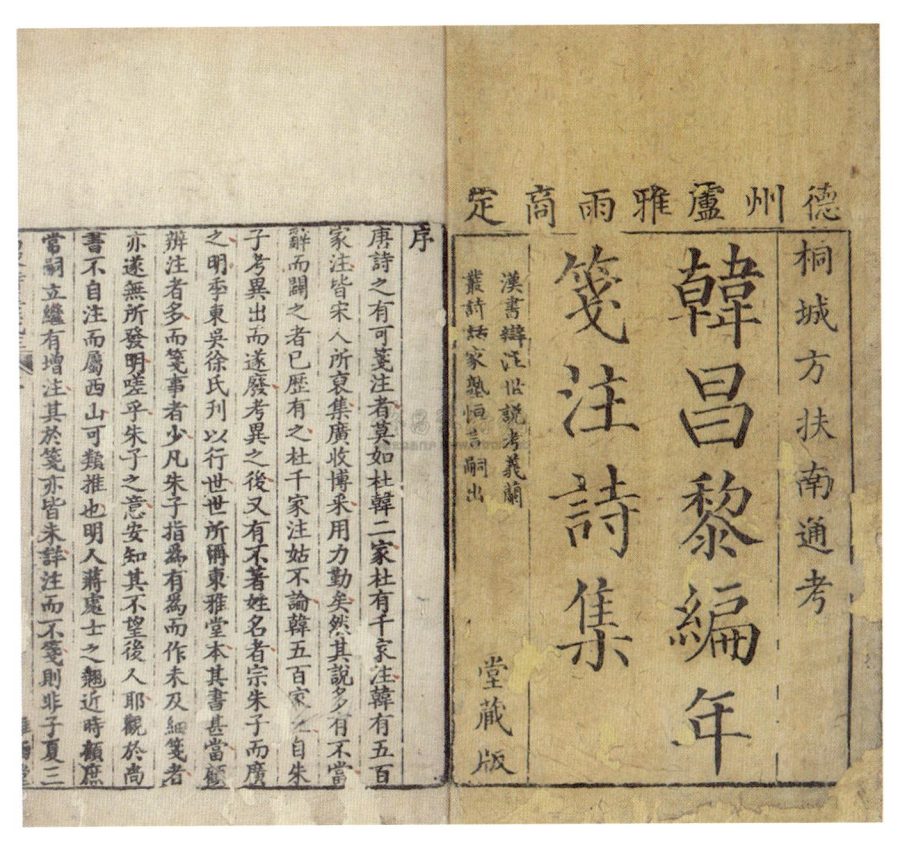

《韩昌黎编年笺注诗集》书影

不迷失方向。他在《示儿》的最后说："诗以示儿曹,其无迷厥初。"足见其情之殷切。

韩愈的儿子韩昶,小名叫符。元和十一年(816),韩愈把儿子送到城南别墅,让其在那里专心读书,并作《符读书城南》诗对其进行训示。内容与《示儿》相似,意在劝诫儿子。

  木之就规矩,在梓匠轮舆。

  人之能为人,由腹有诗书。

  诗书勤乃有,不勤腹空虚。

  欲知学之力,贤愚同一初。

由其不能学，所入遂异闾。
两家各生子，提孩巧相如。
少长聚嬉戏，不殊同队鱼。
年至十二三，头角稍相疏。
二十渐乖张，清沟映污渠。
三十骨骼成，乃一龙一猪。
飞黄腾踏去，不能顾蟾蜍。
一为马前卒，鞭背生虫蛆。
一为公与相，潭潭府中居。
问之何因尔，学与不学欤。
金璧虽重宝，费用难贮储。
学问藏之身，身在则有余。
君子与小人，不系父母且。
不见公与相，起身自犁锄。
不见三公后，寒饥出无驴。
文章岂不贵，经训乃菑畲。
潢潦无根源，朝满夕已除。
人不通古今，马牛而襟裾。
行身陷不义，况望多名誉。
时秋积雨霁，新凉入郊墟。
灯火稍可亲，简编可卷舒。
岂不旦夕念，为尔惜居诸。
恩义有相夺，作诗劝踌躇。

韩愈在诗中说："人之能为人，由腹有诗书。诗书勤乃有，不勤腹空虚。欲知学之力，贤愚同一初。由其不能学，所入遂异间。"人之所以能成为人，是因为腹中有诗书。如果腹中没有诗书，就和动物没有什么区别。起初人和人并没有大的区别，随着时间的推移，读书和不读书的差别就会显现出来。所以，要勤奋读书，无愧年华。

韩愈告诫儿子：个人的发展不能完全依靠父母，要靠自己的奋斗。能否成才，最终要看自己努力的程度。有多少人虽然出身于贫寒之家，却官至宰相。所以人没有身份的区别，只有有没有才华、有没有学问的区别。对于一个人的成长和发展来说，家庭出身与财富不是决定因素，关键在于自己的才识。诗书才华藏在自己的腹中，无论何时何地，都会发挥作用。

后世对韩愈这两首诗争议颇多。指斥者有之，如苏东坡称"退之示儿云云，所示皆利禄事也"；邓肃称"用玉带金鱼之说以激之，爱子之情至矣，而导子之志则陋也"。肯定者有之，如朱彝尊说《示儿》"率意自述，语语皆实，亦淋漓可喜，只是偶然作耳"；黄震称《符读书城南》"亦人情诱小儿读书之常，愈于后世之伪饰者"。

从《示儿》《符读书城南》的内容看，确实有多言利禄之嫌，如"恩封高平君，子孙从朝裾。开门问谁来，无非卿大夫"。再如"一为公与相，潭潭府中居"等。《示儿》《符读书城南》中也有炫耀地位的诗句，如"不知官高卑，玉带悬金鱼。问客之所为，峨冠讲唐虞。酒食罢无为，棋槊以相娱。凡此座中人，十九持钧枢"；等等。

韩愈还有一首《南内朝贺归呈同官》，诗中有同《示儿》

韩文公祠（广东潮州）

一样自述地位荣耀的内容，"三黜竟不去，致官九列齐。岂惟一身荣，佩玉冠簪犀"。从表面看，韩愈是在庆幸自己的处境，但纵观全诗，也有自责、自贬的意思。韩愈几次因直言被贬，很可能影响到韩愈的思想和认知。

韩愈家世孤寒，自幼多次经历失去亲人的伤痛，他认为自己肩负着振兴家族的重任。他生活于世族逐步衰落、庶族逐渐兴盛的时代，士庶混杂的社会环境势必对其产生影响，所以在韩愈身上，既有高华的一面，也有世俗的一面。《示儿》诗背后是韩愈对家族的爱和责任，也包含他理想的生活模式以及他对儒家思想的理解，借此可以还原一个既畏天命又积极有为、既不离世间常情又立志为圣的真诚文人形象。

韩愈在《示儿》中强调的读书改变命运、才华决定前途的理念，成为韩愈家族家训的重要内容。正是在这种家风的熏陶下，韩愈的一个儿子和五个孙子，全部考中进士，其中一个名叫韩偓的孙子还高中状元，成为晚唐著名诗人。

五、立身行己：柳玭《诫子弟书》

柳玭还有一篇著名的《诫子弟书》，载于《旧唐书·柳玭传》，曰：

> 夫门地高者，可畏不可恃。可畏者，立身行己，一事有坠先训，则罪大于他人。虽生可以苟取名位，死何以见祖先于地下？不可恃者，门高则自骄，族盛则人之所嫉。实艺懿行，人未必信；纤瑕微累，十手争指矣。所以承世胄者，修己不得不恳，为学不得不坚。夫人生在世，以无能望他人用，以无善望他人爱，用爱无状，则曰"我不遇时，时不急贤"。亦由农夫卤莽而种，而怨天泽之不润，虽欲弗馁，其可得乎！
>
> 予幼闻先训，讲论家法。立身以孝悌为基，以恭默为本，以畏怯为务，以勤俭为法，以交结为末事，以气义为凶人。肥家以忍顺，保交以简敬。百行备，疑身之未周；三缄

《旧唐书·柳玭传》书影

密，虑言之或失。广记如不及，求名如傥来。去吝与骄，庶几减过。莅官则洁己省事，而后可以言守法；守法而后可以言养人。直不近祸，廉不沽名。廪禄虽微，不可易黎氓之膏血；榎楚虽用，不可恣褊狭之胸襟。忧与福不偕，洁与富不并。比见门家子孙，其先正直当官，耿介特立，不畏强御；及其衰也，唯好犯上，更无他能。如其先逊顺处己，和柔保身，以远悔尤；及其衰也，但有暗劣，莫知所宗。此际几微，非贤不达。

夫坏名灾己，辱先丧家。其失尤大者五，宜深志之。其一，自求安逸，靡甘澹泊，苟利于己，不恤人言。其二，不知儒术，不悦古道：懵前经而不耻，论当世而解颐；身既寡知，恶人有学。其三，胜己者厌之，佞己者悦之，唯乐戏谭，莫思古道。闻人之善嫉之，闻人之恶扬之。浸渍颇僻，销刻德义，簪裾徒在，厮养何殊。其四，崇好慢游，耽嗜曲蘖，以衔杯为高致，以勤事为俗流，习之易荒，觉已难悔。其五，急于名宦，昵近权要，一资半级，虽或得之；众怒群猜，鲜有存者。兹五不是，甚于痤疽。痤疽则砭石可瘳，五失则巫医莫及。前贤炯戒，方册具存，近代覆车，闻见相接。

夫中人已下，修辞力学者，则躁进患失，思展其用；审命知退者，则业荒文芜，一不足采。唯上智则研其虑，博其闻，坚其习，精其业，用之则行，舍之则藏。苟异于斯，岂为君子？

柳玭这篇《诫子弟书》的核心，是告诫子弟不要倚仗门第

柳玭《诫子弟书》书影

高贵而骄奢淫逸无所不为。河东柳氏是中国古代著名的世家大族，柳玭告诫柳氏子弟："门第可畏不可恃"，即使出身世族，身居高位，依然要遵从祖训、严于律己，不可恃之自骄。同时，修身和做学问两个方面，需下苦功夫，二者不可偏废。单纯依靠门第是行不通的，只有自己有真才实学，才能在世上站得住。

柳玭《诫子弟书》还提出了不可犯的"五种过失"，可将其归纳为：自求安逸，不甘淡泊；不学无术，不喜古道；厌恶才能超过自己的人，喜欢对自己阿谀奉承的人；爱好四处游玩，嗜酒贪杯，把饮酒作乐视为雅事，把勤奋做事视为俗流；急于名利，讨好权贵。

柳玭还特别强调：这五种恶习，比疖子、毒疮还要厉害。毒疮尚可用针石诊治，而这五种过失，即使是神巫和明医也不能救治。先贤的谆谆告诫，典籍中都有记载；近人深刻教训，就像刚刚听过一样，离我们不远。

据《全唐文》记载，柳玭尝述《诫子孙》以训诫子弟，《诫子孙》最后说："余家本以学识礼法称于士林，比见诸家于吉凶礼制有疑者，多取正焉。丧乱以来，门祚衰落，基构之重，属于后生。夫行道之人，德行文学为根株，正直刚毅为柯叶。有根无叶，或可俟时；有叶无根，膏雨所不能活也。至于孝慈、友悌、忠信、笃行，乃食之醯酱，可一日无哉？"由此可见，柳玭《诫子孙》核心是孝慈、友悌、忠信、笃行几个方面。柳玭所述《诫子孙》与《诫子弟书》成为柳玭家族家风的核心内容。

六、公明廉威：颜希深"三十六字官箴"

颜希深，字若愚，号静山，广东连平人。乾隆十八年（1753），颜希深任泰安知府，任职七载，政绩颇著。乾隆二十三年（1758），颜希深偶然在衙内的残壁中发现了"贞庵主人"顾景祥所刻的"三十六字官箴碑"，心折不已，认为"言约意深，为居官之要领"，并题跋以记此事。颜希深被碑文所感染，决定重刻此碑，立于官署，此碑得以重新传世并发扬光大。乾隆二十五年（1760），颜希深任济南知府；次年，任监山东督粮道（治所德州），任内积极践行"三十六字官箴"，收到良好的效果。

"三十六字官箴碑"碑文为："吏不畏吾严，而畏吾廉；民不服吾能，而服吾公；公则民不敢慢，廉则吏不敢欺；公生明，廉生威。"

其大意是：下属敬畏我，不在于我严厉而在于我廉洁；百姓信服我，不在于我有才能而在于我办事公正。廉洁则下属不敢欺蒙；公正则百姓不敢轻慢。处事公平公正才能使人明辨是

"三十六字官箴碑"拓片（济南市博物馆馆藏）

非，秉公办事；做人清正廉洁才能威严自生，让人信服。

"三十六字官箴"的主题是"公"和"廉"，核心是"公生明，廉生威"。其内涵在于：与才干、能力相比，官员的廉洁和公正是赢得下属、百姓尊敬和信任的关键。金代大儒元好问曾说"能吏寻常见，公廉第一难"。传统文化对官员的道德要求中，"公"和"廉"尤其突出。在封建专制体制下，普通民众的社会话语权较为有限，缺乏法制保障来公正公平地评判官员的行为。公正和廉明成了为官者重要的品德要求。这种道德期盼逐渐形成了中国独特的清官文化和廉吏文化。

"三十六字官箴"形成后，逐渐融入中国传统政治文化，并积淀为官箴文化的核心内容。从"三十六字官箴"的传播路径看，山东是传播的原点。

据史书记载，颜希深在济南知府、山东督粮道任上时，德

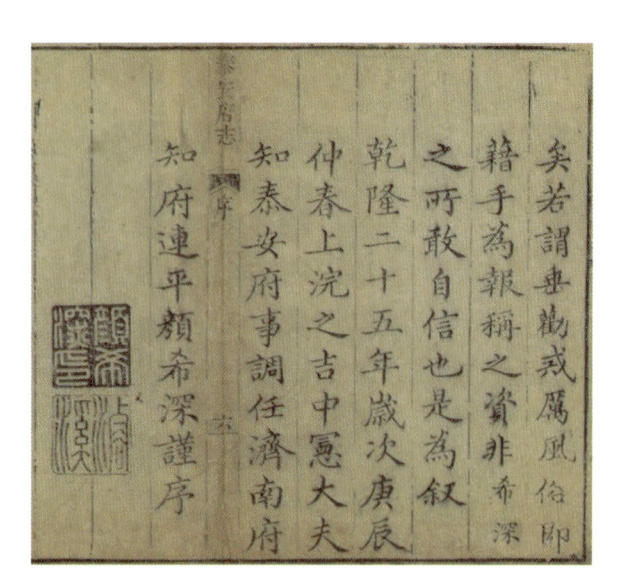

州发生水灾。为拯救灾民，他接受母亲的建议，在来不及上报的情况下，冒着满门抄斩的危险，毅然决定开仓赈饥，拯救了许多灾民的生命。同时，颜希深亲率属官参与抗洪救灾，"督率文武极力捍

颜希深《泰安府志·序》书影

御，以保城池、仓库，而民无滋扰"①。乾隆皇帝东巡时对颜希深的行为予以嘉奖和表彰，夸赞其"他时可大用"②，并封其母为一品太夫人。后颜希深调离山东，其信奉并一直践行的"三十六字官箴"也随着他的调离传播到其他地方。

颜希深不仅自己践行"三十六字官箴"，其子颜检也受其影响，对"三十六字官箴"的传播发挥了重要作用。颜检，号岱云，乾隆二十二年（1757）生于泰安府署，历任吉安知府、江西按察使、河南布政使、山东盐运使等，官至直隶总督。因其出生在泰安府衙，所以他对泰安有着浓重的故里情结。乾隆七十年（1793）颜检出守吉安时，专门取道梁父，"时守郡者徐君大榕，为旧相识，乃得遍览署内户庭以识降生之所，追忆

---

① 乾隆《德州志》卷八。
② 《清史稿·列传一百十九》。

颜检墓（广东河源）

膝下游嬉情景，不禁怆然"①。嘉庆十九年（1814），颜检任山东盐运使，时泰安知府汪汝弼以其父所刻官箴拓片数十本相赠。颜检目睹父亲的遗墨，感慨万分，称："检再拜受读，知先大夫扬历中外数十年，以诚事君，以德及民，以廉驭属，至今民怀吏畏，犹津津然称道不衰。其所以整躬待物，操持原有本也。"颜检秉承其父为官宗旨，以"三十六字官箴"为座右铭。嘉庆二十年（1815），颜检升任浙江巡抚，即将"三十六字官箴"重摹上石，嵌于诸府衙门厅壁，希望"有位者皆可以奉为官箴，且志先人明训于不忘云尔"。此为浙江本官箴，也是"三十六字官箴"在浙江流传之始。由是，浙江成为"三十六字官箴"传播的重要基点。

---

① 见西安碑林博物馆"三十六字官箴碑"跋文。

陕西西安是"三十六字官箴"传播的另一个基点，其形成与颜希深的孙子、颜检之子颜伯焘有关。颜伯焘，嘉庆十九年（1814）进士，官至闽浙总督。颜伯焘刚刚踏上仕途时，其父颜检向他出示了祖父颜希深刊刻的"三十六字官箴"，并教诫道："尔今筮仕，宜审官方。此先正格言，实亦祖训也。"道光二年（1822），颜伯焘被任命为陕西延榆绥道台，颜检又教诫说："尔今外补，吏事民事胥尔之责，时玩箴词，勉之毋懈。"颜伯焘携"三十六字官箴"拓片赴任，上任后即示诫同僚，并准备刊刻。由于当地没有合适的刻工，他便将拓片寄给长安知县张聪贤，请他代为刻石立碑。道光四年（1824），这方官箴碑终于刻成，这便是西安本官箴，从而使陕西西安成为"三十六字官箴"的另一个传播基点。"三十六字官箴碑"现在完好地保存于西安碑林博物馆内，也是现存最完整的官箴碑石。

第五章　父严子贤：中华优秀家风故事（二）

父严子贤，是说父亲严格管教子女，子女方能成才成器。金代元好问《拟贺登宝位表》曰："社稷隆神器之重，父子处人伦之先。"他认为父子关系在家庭伦理关系中居首要地位，这也决定了父亲在家庭教育中的地位和作用。《晋书·夏侯湛传》："受学于先载，纳诲于严父慈母。"传统文化中"严父"成为父亲角色的基本形象，在家风传承中，发挥着举足轻重的作用。

一、诗礼传家：孔子庭训

孔子（前551—前479），名丘，字仲尼，春秋时期鲁国陬邑（今山东曲阜东南）人。他继承和发展了夏、商、周三代文化，创立了儒家学派，是中国历史上伟大的思想家、教育家。孔子的言行被孔子的弟子及其再传弟子编辑整理成《论语》。孔子一生致力于教育事业，他打破了官府对教育的垄断，开创了私学，"弟子弥众"[①]，号称"弟子三千，贤者七十二"。孔子曾修《诗》《书》，定《礼》《乐》，注解《周易》，修订《春秋》，对中国传统文化的传承做出了巨大贡献。孔子的思想对后世影响深远，被尊为"至圣""万世师表"。

[①]《史记·仲尼弟子列传》。

孔子庭训的故事，见于《论语·季氏》：孔子的儿子孔鲤，平时学习，都与孔子的学生在一起。孔子的学生陈亢怀疑孔子偏爱自己的儿子，认为他会在家里给孔鲤开小灶，便问孔鲤说："子亦有异闻乎？"意思是，你父亲在家讲的内容与我们平时听到的都是一样的吗？孔鲤没有正面回答这个问题，而是给陈亢讲了一个"庭训"的故事。

孔子像

有一天早晨，孔子独自立于庭院中，孔鲤迈着小快步从庭院经过。孔子突然问道："学习《诗》了吗？"孔鲤说："没有。"孔子说："不学《诗》，无以言。"于是，孔鲤回到自己的房间后就开始学习《诗》。又有一天，孔子又独自立于庭院中，孔鲤又一次迈着小快步从庭院经过。孔子问道："学习《礼》了吗？"孔鲤回答说："没有。"孔子说："不学《礼》，无以立。"于是，孔鲤回到自己的房间后就开始学习《礼》。

陈亢听完孔子庭训的故事，高兴地说："问一得三。闻诗，闻礼，又闻君子之远其子也。"意思就是："我问一件事（却）

知道了三件事，知道了学《诗》的意义，知道了学《礼》的意义，还知道了君子不偏爱自己儿子的道理。"

中国传统家训的雏形可谓源于"孔子庭训"。从"孔子庭训"的故事可以看出，孔子向儿子传授的不仅仅是如何读书学习，而且是一种生活哲学，即读书与做事同等重要，学《诗》是指学习文化，学《礼》是指学习如何处事，二者相辅相成，缺一不可。《诗》和《礼》都是孔子教学的主要内容，突出体现了孔子对《诗》《礼》的重视。

曲阜诗礼堂（董少伟摄，宋立林提供）

《诗经》是中国古代最早的一部诗歌总集，收集了西周初年至春秋中叶的诗歌共三百零五篇，反映了周初至西周晚期约五百年间的社会面貌。《诗经》在先秦时期称为《诗》或《诗三百》。《诗经》分为《风》《雅》《颂》三个部分：《风》是周代各地的歌谣；《雅》是周人的正声雅乐，又分为《小雅》和《大雅》；《颂》是周王室和贵族宗庙祭祀的乐歌，又分为《周颂》《鲁颂》和《商颂》。孔子曾编修《诗》，他说："《诗》三百，一言以蔽之，曰：'思无邪'。"又曰："诵《诗》三百，授之以政，不达；

使于四方，不能专对。虽多，亦奚以为？"先秦诸子如孟子、荀子、墨子、庄子、韩非子等人在论说时，多有引述《诗》的句子，《左传》亦多引《诗》为据。至汉武帝时，以《诗》《书》《礼》《易》《春秋》为"五经"，儒家奉为经典，《诗》也就慢慢地被称为《诗经》。

所谓"不学《诗》，无以言"，意思是：不学习《诗经》，就不能提高与人交流和表达思想的能力。在孔子那个时代，学习《诗经》象征着一个人的社会身份与文化修养。不学习《诗经》，就无法参与君子间的各种社会活动，也难以高雅、准确地表达自己的情感和思想观点。所以孔子对学习《诗经》十分重视。孔子阐明了《诗经》的教育功能及其在教育中的重要地位。

孔子教授弟子的《诗》《书》《礼》《乐》《易》《春秋》，被称为"六经"。"六经"中的《礼》，后来称《仪礼》，主要记载周代的衣冠、婚丧、祭祀诸礼。不了解礼义，仪式就成了毫无价值的虚礼。所以，孔子的学生在习礼的过程中，撰写了大量阐发经义的论文，总称为"记"，属于《仪礼》的附庸。秦始皇焚书坑儒后，西汉能见到的用先秦古文撰写的"记"依然不少，据《汉书·艺文志》记载有"百三十一篇"。《隋书·经籍志》说，这批文献是河间献王从民间征集所得，并说刘向考校经籍时又得到《明堂阴阳记》《孔子三朝记》《王史氏记》《乐记》等数十篇，总数增至二百十四篇。由于"记"的数量太多，加之精粗不一，到了东汉，社会上出现了两种选辑本：一是戴德的八十五篇本，习称《大戴礼记》；二是戴德的侄子戴圣的四十九篇本，习称《小戴礼记》。《大戴礼记》流传不广，到唐代已亡佚大半，仅存三十九篇，《隋书》《唐书》《宋书》等史乘的《经籍志》甚至不予著录。《小戴礼记》凭借郑玄之注而畅行于世，后人称之为《礼记》。

所谓"不学《礼》，无以立"，意思是说：礼是立身之本。不学习礼仪，就不能立身于社会。只有学习了礼仪，才能有为于社会。中国是一个礼制社会，有"以礼治天下"之说，因此学《礼》尤为重要。

孔子的儿子孔鲤（前532—前483），是孔子的独生子。周景王十二年，即鲁昭公九年（前533），19岁的孔子娶宋国人亓官氏为妻。一年后，亓官氏生下一子。当时孔子的身份是鲁国管理仓库的委吏，地位并不高，但他把仓库管理得井井有条，深得鲁昭公赏识。孔子的儿子降生后，鲁昭公派人送来一条鲤鱼作为贺礼。孔子以此为荣，因此给自己的儿子取名为鲤，字伯鱼。

孔鲤为人平和，性情豁达。相传，孔鲤曾对儿子孔伋说："你父不如我父。"也曾对父亲孔子说"你子不如我子。"据专家考证，孔鲤去世与孔伋出

孔鲤像

孔鲤墓（山东曲阜）

生是同一年，所以孔鲤对孔伋所言之事只是一个传说，但这个传说从一个侧面印证了人们对孔鲤的认知。

孔鲤先孔子而亡，埋葬时，只有棺木，并无椁（棺材外面套的大棺）。《论语·先进》说："鲤也死，有棺而无椁。"孔鲤一生并无大的建树，却留下了"孔鲤过庭"的典故。"伯鱼"一词也被后世用作对别人儿子的美称。

因为孔鲤是至圣之子，宋徽宗时追封其为"泗水侯"，孔氏子孙尊其为"二世祖"。孔鲤之子孔伋，字子思，宋徽宗时被追封为"沂水侯"；元文宗至顺元年（1330），又被追封为"述圣公"，后世遂称子思为"述圣"。

二、唯才是用：曹操《诸儿令》

曹操（155—220），字孟德，东汉末年杰出的政治家、军事家，三国曹魏政权的实际缔造者。

东汉末年，天下大乱，曹操以汉天子名义征讨四方，对内消灭袁绍、刘表、韩遂等割据势力，对外降服南匈奴、乌桓等，统一了中国北方。曹操在乱世中纵横驰骋，凭借非凡的智慧和勇气，逐鹿中原，建立了曹魏的根基。曹操不仅在政治和军事领域取得成就，而且非常重视子女培养。在繁忙的军政事务之余，曹操以独特的教

曹操像

育理念和方式，悉心培养子女。《诸儿令》便是他重视子女培养的有力体现，从中可以感受到他对诸子的殷切期望。

建安二十年（215），曹操西征张鲁，取得汉中，随后发布了著名的《诸儿令》：

> 今寿春、汉中、长安，先欲使一儿各往督领之，欲择慈孝不违吾令，亦未知用谁也。儿虽小时见爱，而长大能善，必用之。吾非有二言也，不但不私臣吏，儿子亦不欲

有所私。

令文意思是：如今，寿春、汉中、长安这三处要地，我打算分别派遣一个儿子去驻守管理。我期望所选之人能具备仁慈、孝顺的品质且听从我的命令，只是尚未确定人选。儿子们虽然年幼之时都受我疼爱，但长大后德才兼备者，我定会予以重用。我言出必行，不仅不会对部下有所偏袒，对儿子们也不会偏私。

彼时，曹操虽已统一北方，却面临着来自孙权、刘备势力的军事压力。寿春直面孙权，汉中对峙刘备，长安作为西汉故都，此三地都是曹魏进攻退守的战略要地。为加强对前方的掌控，曹操意欲从诸子中挑选三人，分别监督统领这三个军事重镇。《诸儿令》开门见山，直抒己见，反映了曹操敢于让儿子们担当重任，通过实践来锻炼和选拔的教子理念，同时也清晰地体现了他对儿子的选用标准。

一是"慈孝"。曹操向诸子提出"慈孝"的要求，实则是期望

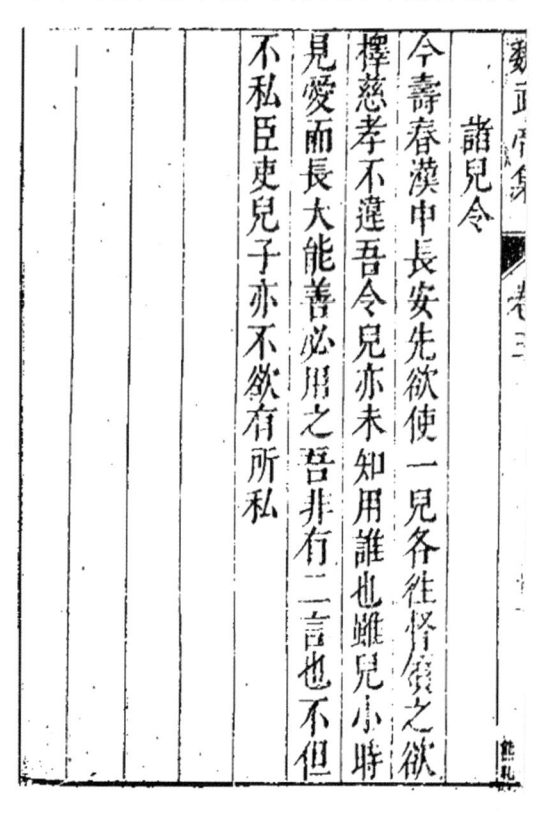

曹操《诸儿令》书影

其子崇尚德行。唯有凭借高尚的品德服众，方可更有效地对前方进行治理，从而维持战略优势。

二是"不违吾令"。"不违吾令"彰显了曹操对纪律与服从的重视。在至关重要的军事阵地担任统率，必须坚决服从并坚定不移地执行命令，严守规矩和纪律，全力以赴实现战略目标，这是一个重要又基础的标准。

曹操像

三是"能善"。意即具备才能且品德高尚。曹操选拔人才时秉持"唯才是举"的理念，而对儿子则强调德才兼备。这与前文所强调的"慈孝"标准相互呼应，相得益彰。

四是"不欲有所私"。《诸儿令》反映出曹操对待诸子不会因个人偏爱而徇私情，倡导公平竞争、举才不避亲的理念。

综合上述内容，曹操选任诸子督察地方的原则可归纳为：崇尚德行、遵守规矩、具备才能。这些原则不仅在《诸儿令》中有所体现，在他对诸子的日常教育中，也是一以贯之的。

建安八年（203），曹操鉴于汉末丧乱之后，仁义礼让之风不复存在，遂下令地方兴办学校。曹操还专门延请德高望重的长者作为儿子们的师长和属官，以提升他们的道德涵养。如曹丕的师傅崔琰，曹操赞其"有伯夷之风，史鱼之直"①。此外，曹丕的老师还有何夔、邢颙、凉茂等人。在这些师长的教诲与辅佐下，曹丕得以适时纠正过错，"迈志存道，克广德心"②。

曹操通过言传身教培养诸子的节俭美德，倡导俭朴，严禁奢侈淫逸。他所用的器物不施丹漆，帷帐屏风破损则修补后继续使用，床垫无镶边装饰，衣被不用锦绣，且反复拆洗缝补。曹操不仅生前生活俭朴，还留下"敛以时服，无藏金玉珍宝"的遗令，力推薄葬。在他的引领下，其子亦践行节俭之风。曹植"性简易，不治威仪。舆马服饰，不尚华丽"。曹衮崇尚简约节俭，甚至要求其妻子纺纱织布，形成习惯。

曹操时常训诫诸子需遵守规矩和纪律。建安二十三年（218），在曹彰征讨代郡乌丸之前，曹操郑重地对他言道："居家为父子，受事为君臣，动以王法从事，尔其戒之！"其意为，你身为将领在外征战，诸事亦需依规矩行事，否则，莫怪我不顾及父子情分。曹彰不负父望，英勇杀敌，成功平定叛乱，令曹操甚感欣慰。又如建安二十二年（217），在曹操外出之际，曹植借酒兴私自乘车，在皇帝专用的驰道上肆意驰骋，一直游玩至金门，将曹操的法令抛诸脑后。曹操勃然大怒，处决了掌管王室车马的公车令，对曹植亦予以严厉斥责，打消了立曹植为太子的念头。

---

① 《魏志·崔琰传》。
② 《三国志·文帝纪》。

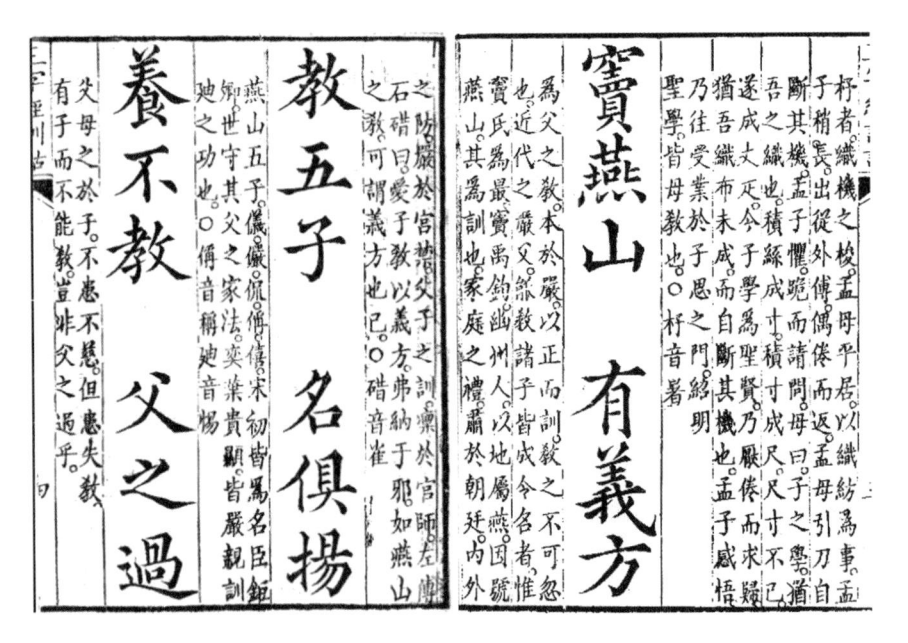

[宋]王应麟撰，[清]王相注：《三字经训诂》书影

在汉末群雄纷争的时代，曹操深切明白接班人德才素养的重要性。他曾慨叹："生子当如孙仲谋，刘景升儿子若豚犬耳。"① 他期望儿子们成年后皆能如孙权那般，能够承继父兄之业，稳固江东，万不可如刘景升之子刘琮那般无能，致使荆州轻易拱手让人。为此，他着重从尚德行、守规矩、有才能这三个方面对诸子进行教诲，而教育的成效可谓颇为显著。

曹丕天赋出众，文采斐然，成为著名的政治家、文学家。曹植自幼聪慧，文思敏捷，是建安文学的重要代表人物。曹彰武艺高强，勇猛剽悍，颇具大将之风范。曹衮勤奋好学，为人恭敬谨慎，有国士之风度。曹操诸子能成才，与曹操《诸儿令》的颁布及其平时对子女的严格教育有很大的关系。

---

① 《三国志·吴主传》。

三、教子有方：窦燕山教五子

宋人王应麟《三字经》云："窦燕山，有义方。教五子，名俱扬。"五代时期，燕山人窦禹钧教子有方，五个儿子齐登科甲，名扬四方。有诗云："燕山窦十郎，教子以义方"。

窦燕山，原名窦禹钧，范阳涿州人。因其居住之所临近燕山，故而被称为"窦燕山"。据《涿州志》记载："窦禹钧墓在州西团柳村。"当地墓群之前存有碑刻，载明窦吉祥为宋学士窦仪九世孙，而窦仪正是窦禹钧之子，此处即是窦氏祖茔。范仲淹在《后周右谏议大夫窦禹钧阴德碑》中言："窦禹钧，范阳人，为左谏议大夫致仕。诸子进士登第，义风家法，为一时标表。"窦燕山为大多数人所知，大抵源于宋人王应麟所撰写的幼学启蒙读物《三字经》。宋代文学家欧阳修也曾应窦氏后人之邀为其撰写《阴德碑记》。窦燕山是一位教子有方的正面人物，深受后人敬仰。

相传，窦燕山出身于富贵之家，是当地声名远扬的富豪大户。最初，窦燕山为人不公，曾凭借权势欺压穷苦百姓。虽家财万贯，三十岁时仍膝下无子。传说某天夜晚，窦燕山已逝的父亲托梦于他道："你如不痛改前非重做新人，不仅一辈子无子，也会短命。你要改过迁善，多积功德，行方便之事。唯有如此，方能改过呈祥。"

窦燕山自梦中醒来，父亲的忠告在耳畔久久萦绕，他牢牢铭记于心。自此，他立下决心，痛改前非，行善积德，广做善举。他的一位仆人，借打工之机盗用窦家一大笔钱财，因惧怕被察觉后无颜面对，便写一张债券，系于十二三岁女儿的胳膊上，债券上书："永卖此女，与本宅偿所负钱。"而后远走他乡。窦燕山察觉此事后，当即焚毁债券，并收留此女孩，将她抚养长大成人后，又自行补贴嫁妆，送她出嫁。仆人听闻主人如此大义，归来谢罪，窦燕山原谅了他，对过往之事也不再提及。

窦燕山为人宽宏厚道，慷慨疏财，亲朋之中若有人离世，因贫困而无法办理丧事的，他时常主动出资相助，由他出资操办丧事的死者多达二十七人。有贫困人家的女儿到了出嫁年龄却置办不起嫁妆，他也慷慨解囊，由他置办嫁妆出嫁的女孩多达二十八人。亲友故旧里有家庭贫困的，他主动借钱给他们去做生意，帮助他们发家致富。当地和路过的穷苦之人，因他的帮助得以维持生计的，数不胜数。村里的道路破损难行，他便出资修路；村头河上的桥梁坍塌，他就出资修桥以方便路人。

窦燕山又在自家宅南兴建书院四十间，汇聚书籍数千卷，并礼聘品学兼优的老师。但凡有志于求学之人，他都提供资助，四方贫寒之士皆可前来就学，成才显贵者众多。有的人家因囊中羞涩无法送孩子去私塾读书，他便主动将孩子接来，免收学费。为救苦济人，窦燕山自身生活极为俭朴，他每年年初都会核算前一年的收入，除却供应家庭必需的生活费用，其余都用于救苦济急。他这般周济贫寒，广施方便，深受人们的称赞。村中的老人皆啧啧称叹，言窦燕山"浪子回头金不换"。

窦燕山愈发努力地修身积德。其后，其妻子接连为他生下五子。窦燕山将全部心力倾注于儿子的培养教育之中，尤为重视其学业与品德修养。窦燕山延请名师，教导儿子。窦氏家规有言："家庭之礼，俨如君臣；内外之礼，俨如宫禁。男不乱入，女不乱出；男务耕读，女勤织纺，和睦雍熙，孝顺满门。"众人都称赞窦燕山教子有方。

在窦燕山的精心培养和教诲下，五个儿子窦仪、窦俨、窦侃、窦偁、窦僖都成为有用之才，先后登科及第，史称"五子登科"。长子窦仪于后晋时中进士，入宋后官至礼部尚书、翰林学士，曾奉

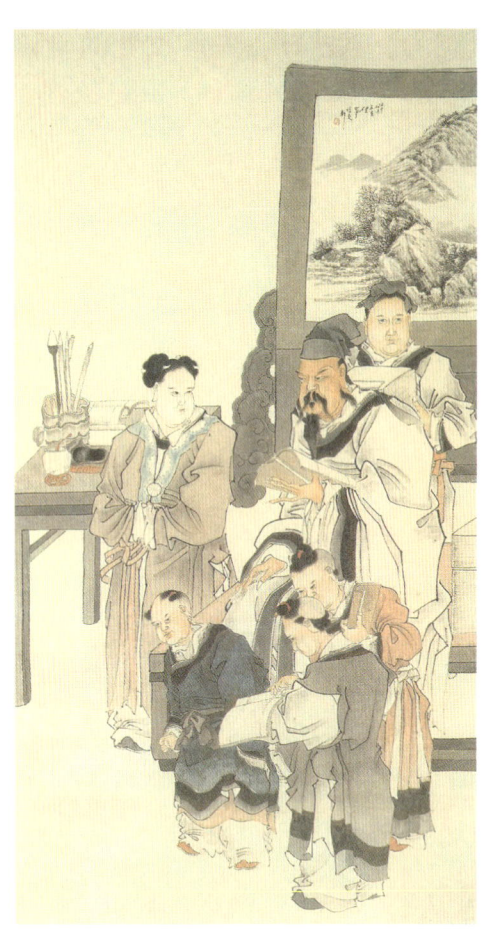

［清］任薰《窦燕山教子图》

命编纂《宋刑统》。窦仪学问渊博、清介重厚，为官恪尽职守、直言敢谏，是宋初一代名臣。学士王著因酒醉犯罪被免官，赵匡胤向宰相范质言道："宫殿乃森严之所，应当选取一位品行端方、学问渊博之人方才妥当。"范质回道："窦仪为人清正耿介、稳重敦厚，可担当此重任。"太祖称："的确非此人不可。"窦仪去世后，太祖赵匡胤曾悲叹："天何夺我窦仪之速耶！"[①]

[①] 《宋史·窦仪传》。

次子窦俨，后晋进士，授翰林学士，屡任史官，修《三朝实录》，上疏治国六纲，被周世宗采纳，入宋后任礼部侍郎。三子窦侃，文行并优，后汉进士，官至起居郎。四子窦偁，为人刚直不阿，后汉进

《科举考试图》

士，入宋后任左谏议大夫、参知政事，去世时，宋太宗亲临吊唁，赠工部尚书。五子窦僖，后周进士，在北宋任左补阙，为官清廉，名扬城内。当时，众人美其兄弟五人曰"窦氏五龙"。宋太祖曾评价窦氏兄弟说："近朝卿士，窦仪质重严整，有家法，闺门敦睦，人无谰语，诸弟不能及。僖亦中人材尔。偁有操尚，可嘉也。"[1]

五代时期是中国历史上最为动荡的时期之一。窦禹钧的家乡位于"燕云十六州"之一的密云地区，已割让给契丹。当地民众饱尝战乱之苦，多数人在逃亡与离乱中生存，而独具卓识的窦禹钧即便在动乱之中也从未放弃对子女的教育，最终使窦

---

[1] 《宋史·窦仪传》。

氏五子皆成栋梁之材。

窦氏书院的教育以儒学为主要内容，与当时国家的人才选拔机制——科举制度紧密相连。家学不仅为提升家族声望培育人才，而且为国家培养了人才。无论官职何等显要、地位何等尊崇，窦家五子在父母跟前皆守礼行孝。因此，窦家声名远扬，成为众人竞相仿效之楷模。其后，窦燕山官至谏议大夫，享寿82岁。相传临终前预知大限将至，他沐浴更衣，与亲友辞别，于谈笑间离世，令人称羡。

五代时著名的宰相冯道称赞其教子有道，作《赠窦十》诗曰：

燕山窦十郎，教子有义方。

灵椿一株老，丹桂五枝芳。

窦燕山作为教子有方的杰出典范，在后世可谓家喻户晓。他的事迹被宋代学者王应麟载入《三字经》中："昔孟母，择邻处。子不学，断机杼。窦燕山，有义方。教五子，名俱扬。养不教，父之过。教不严，师之惰。"窦燕山与孟母一同被列为教子有方的典型代表。为了缅怀窦燕山，人们将蓟州西五里处的一座道教名山称作"五名山"，每年农历四月十五会在此举行"五名山"庙会。时至今日，民间仍有在这天过庙会的习俗。

四、大器早成：戚景通教子

戚继光是中国历史上杰出的军事家，他18岁承袭祖职登州卫指挥佥事，负责登州卫的屯田事务。23岁率山东六郡的3000

戚继光像

民兵戍守蓟州。25岁升任总督登莱沿海兵马备倭都指挥使司，负责总督山东备倭事宜，走上抗倭前线，开启了轰轰烈烈的抗寇斗争，可谓大器早成的代表。

戚继光大器早成，与父亲戚景通严格的家教不无关系。戚景通，字世显，明代山东登州（今山东蓬莱）人。"身材高大而匀称，胡须修长而美观。性格刚毅，喜欢读书，虽烈日炎炎的夏天，依然席地而坐，手不释卷。为官清廉，刚直不阿。"① 正德十五年（1520），戚景通升任江南漕运把总，负责在大运河沿线押运粮食。任职期间，为官清廉，对漕运中的种种陈规陋习进行抵制，受到同僚的敬重。嘉靖七年（1528）闰十月初一，在山东济宁鲁桥镇戚景通的驻所，儿子降生。这一年，戚景通56岁，老年得子，十分高兴。次日清晨，戚景通望着冉冉升起的旭日，心情格外激动，希望刚出生

① 范中义：《戚继光评传》，南京大学出版社2004年版。

戚氏牌坊之一——父子总督坊（山东烟台）

的儿子能继承祖业、光耀后人，取名继光，表达了对儿子的殷切期望。

嘉靖八年（1529），戚景通升任山东总督备倭，十二年（1533）升任大宁都司掌印官（驻今河北保定），6岁的戚继光则随祖母回到登州老家生活。嘉靖十四年（1535），戚景通调到京师，任神机营副将。十七年（1538），因思母心切，辞官回乡。戚景通的归来，对儿子戚继光的成长产生了重大影响。

戚景通回乡后，更加重视儿子戚继光的教育。在戚继光12岁那年，戚景通发现所住房屋有破损，便请工匠进行修缮，让工匠在两根柱梁之间安装四扇雕花门。工匠认为戚家是官宦之家，四扇雕花门不够气派，与戚家的地位不相匹配，便私下对戚继光说："戚少爷，你们家世代将门，房屋应该豪华气派，梁柱之间应安装十二扇雕花门才符合你们家的地位。"戚继光认为言之有理，就急忙跑到父亲面前禀报说："我们家世代为官，备受乡邻敬重，应该把房屋修缮得敞亮气派一些，安装十二扇雕花门也不足为过。"面对儿子提出的问题，戚景通摇摇头说："做人要以勤俭廉洁为本，你小小年纪，却贪慕虚荣，恐怕很难发扬光大祖上以勤俭为本的作风，更不用说报效国家、造福百姓了。"戚继光听了父亲的教诲，意识到自己不应该存在贪图浮华的思想，默默立下誓言，以后要注意学业的长进，不贪慕虚荣，不讲求排场，要成为对国家、对百姓有用的人才。

戚景通十分注意培养戚继光勤俭的生活作风。戚家虽是将门之家，生活却十分俭朴，家人们很少穿着华丽的衣服和鞋子。戚继光13岁那年，外祖母送给他一双带有装饰物的漂亮的锦丝鞋子，戚继光十分喜欢。母亲见他喜欢，就让他穿上去院子里玩耍。正在厅堂看书的戚景通看到后，有些生气，批评儿子说："小孩子为什么要穿这么华丽的鞋子？穿了华丽的鞋子，就想要穿漂亮的锦缎衣服，就想吃山珍海味。将来如果家庭不能满足你的需求，你就会克扣士兵的粮饷以满足自己的欲望。这样就难以继承我们戚家的事业，也败坏了戚家的门风。"然后语重心长地给儿子讲授"由俭入奢易，由奢入俭难"的道理，又讲述古代因贪图享乐误国误事的事例。为了警诫戚继光，戚景通当众烧毁了那双锦丝鞋。同时戚景通告诫家人，要注意对孩子生活作风的培养，不要溺爱，不能让孩子养成奢侈享受的不良习惯。

戚景通不仅在生活上对戚继光严格要求，在学业上也十分严格。戚景通喜欢读书，多年的军旅生涯也没有改变他喜爱读书的习惯，只要一有机会，他就会席地而坐，手不释卷。戚继光在其熏陶下从小也养成了爱好读书的习惯。在戚景通的要求下，戚继光的老师梁玠对戚继光的督导也十分严格。梁玠饱读经书，通晓古今，对戚继光影响很大。后来戚继光曾感慨说："先生不以光不肖，过督之。光今一字一句，皆先生授也。"在梁玠的教导下，戚继光的学识和才干都有了很大的长进。戚继光读书不是拘泥于章句之学，而是通观纵览，力求把握书中所要阐明的主旨大意，从中慢慢地体会，逐渐形成了自己对问题的独特见解。正是有了这样深厚的文化功底，戚继光后来才能熟读兵书，融各家各派的军事思想于一炉，最终形成他自己独特的治军思想和用兵方略。

戚继光18岁那年，在一次读兵书时，有感而发，写下了这样的诗句：

小筑渐高枕，忧时旧有盟。

呼樽来揖客，挥尘坐谈兵。

云护牙签满，星含宝剑横。

封侯非我意，但愿海波平。

从这首诗可以看出，青年时期的戚继光就树立了宏伟远大的志向，升官发财不是自己的追求，保家卫国才是自己的人生目标，这种价值观为他后来有所成就奠定了基础。

嘉靖二十三年（1544），戚景通患病，自知来日无多，就督促儿子戚继光进京袭职。临行前，在郊外陈设祭品，祭告祖先，他拉着儿子的手说："吾遗若此，毋轻用之。"意思是，我传给你的只是这个职位，你务必珍惜，不要损害它。戚继光连忙回答说："儿当求增，何敢轻用。"意思是，我不但不会损坏它，还要让它发扬光大。年逾古稀的戚景通，对戚继光再三叮咛后，才让戚继光上路赴京。待初冬十月戚继光返回家乡，戚景通已长眠地下。送别时的叮咛成为对戚继光的最后一次教导。

戚景通去世后，戚继光按例继承了父亲的职位，担任登州卫指挥佥事，开始了金戈铁马的军旅生涯。他曾写有《马上作》诗曰：

南北驰驱报主情，江边花月笑平生。

一年三百六十日，多是横戈马上行。

这首诗是戚继光军旅生活的生动写照，体现了戚继光的报国之心，也反映了他尽职尽责的军旅生活。

在戚继光的军事生涯中，无论是早期戍守蓟门，抑或在山东、浙江、福建的抗倭前线，还是后来镇守蓟镇，戚继光都表现出卓越的军事指挥才能和高尚的道德品行。这些成就的取得，与父亲戚景通的严格教导是分不开的。

五、勤廉奉公：王士禛《手镜录》

王士禛（1634—1711），字子真，一字贻上，号阮亭，又号渔洋山人。清代新城（今山东桓台）人。因新城在清代属于济南府，所以王士禛常自称济南人。顺治十五年（1658）进士，累官至刑部尚书。王士禛一生为官清廉，据说他离京之时，登车就道，行装只有"图书数簏（书箱）"而已。王士禛清正廉洁的为官思想，可以从他为儿子写的《手镜录》中窥见一斑。

康熙三十六年（1697），王士禛的儿子王启汸出任唐山知县。王启汸，字思远，一字全道，别号昆仑山人，王士禛第三子。"童年特善诗歌，其父司寇公奇之，著于诗。"王启汸出任唐山知县时，其父王士禛为户部左侍郎。听到儿子出任知县的消息，王士禛没有表现出惊喜，反而心生忧虑。"汸以书生骤膺斯任，

王士禛像

老夫心殊惴惴。"王士禛担心儿子年轻，读书虽多但社会经验不足，恐难以完全胜任知县之职。于是他于次年总结自己做官的经验准则五十条，手书下来，寄给儿子，并让其"置座右"以自警。《渔洋山人自撰年谱》曰："山人仲子官唐山令。唐山下邑，土瘠民贫，山人训其洁己爱民，书《手镜录》一册付之。"

《手镜录》是王士禛为儿子王启汸写的一篇具有训诫性质的官箴手册，共有五十个条目三千余字。王士禛把自己多年为官的经验汇集一册，《手镜录》涵盖了他在立身处世、从政为官、执法审刑等方面的见解和体会，字里行间包含着他对儿子

成为国家栋梁之材的期许，是言传身教的典范。

王士禛在《手镜录》中，以山东往年对待灾情之诟病规诫王启汸，要以民生为重，天灾发生后须据实上报，同时尽己所能为百姓争取最大的政策优惠。"地方万一有水旱之灾，即当极力申诤，为民请命，不可如山左向年以报灾为讳，贻民间之害。"王士禛还告诫其子说，"居官以得民心为主，为民间省一分，则受二分之赐，诵声亦易起矣"，"必实实有真诚与民休戚之意"，体现出王士禛朴素的民本情怀。

《手镜录》的核心内容是对"清、慎、勤"为官三事的解读。

"清、慎、勤"为官三事，出自宋代吕本中的《官箴》一书。"当官之法，唯有三事，曰清、曰慎、曰勤。知此三者，可以保禄位，可以远耻辱，可以得上之知，可以得下之援。"其大意是：为官的法则只有三点，即清廉、谨慎、勤勉。做到这三点，就可以保住官位俸禄，远离耻辱，既可得到皇帝的赏识，又可得到下级的拥护。

王士禛在《手镜录》中明确提出，做一个好官必须恪守三个字："清、慎、勤"。为教导其子，王士禛专门对"清、慎、勤"表达了自己的见解，他说："无暮夜枉法之金，清也；事事小心，不敢任性率意，慎也；早作夜思，事事不敢因循怠玩，勤也。"王士禛对于"清"字所蕴含的道理颇为重视，所谓"清"即清廉，王士禛主张以俭倡廉，"日用节俭，可以成廉"。但厉行节约，并不意味着置他人生活于不顾，"下人衣食，亦须照管，令其无缺"。同时，也不能巧取豪夺，"日用米、肉、

四世宫保牌坊（山东桓台）

薪、蔬、草、豆之类，皆当照市价平买，不可有官价名色"。

所谓"历览前贤国与家，成由勤俭败由奢"，王士禛深谙此道，因此他对自己的儿子才事无巨细、谆谆教诲。这体现了他清廉为官的理念，也饱含着他对儿子养成廉洁品德的殷切希望。

在《手镜录》开篇，王士禛叮嘱儿子立身处世一定要"谨慎检点"，他说："公子公孙做官，一切倍要谨慎检点，见上司，处同寅，接待绅士皆然。稍有任性，便谓以门第傲人。时时事事须存此意，做官自己脚底须正，持门第不得。"这里，王士禛首先强调的是为官时对上待下都要掌握分寸，不能因门第出身而自矜傲慢。历览古今，依靠显赫家世为非作歹、横行作恶的人不计其数，王士禛对此深恶痛绝。他强调"做官自己脚底须正，持门第不得"；告诫其子要以史为鉴，不能犯同样的错误。另外，王士禛还提出，"做有司官须忍耐、耐烦，事至须

忠勤祠（山东桓台）

三思而行，不可急遽，急遽必有错误"；"凡审事及商榷事体，最宜慎秘"；"人命最重，极当详慎"；"同寅切戒戏谑，往往有成嫌疑者，不可不慎"；等等。这些言论都体现了王士禛对于"慎"的重视。凡事小心谨慎，三思而后行，不能率性而为。

所谓"勤"，当为勤于政事之意。《手镜录》中的许多内容体现了王士禛对于"勤"的认知。征收赋税钱粮时，"钱粮不论多寡，批回俱要一一清楚。号件簿最要稽查，每日勾销一次，须无延捱迟误"。对社会治安也不能懈怠，"衙门仓库巡逻、监仓，防范俱要严紧。宅中上宿巡更，亦当每夜严紧"。王士禛事无巨细地对其子一一告诫。

王士禛初仕时为扬州府推官而终于刑部尚书，仕宦四十五年，长期在兵部、户部、都察院、刑部等重要部门任职，一生

王士禛故居（山东桓台）

与司法结缘，故在《手镜录》也提出了许多先进的司法理念。

一是"勿用重刑"。《手镜录》曰："勿用重刑，勿滥刑。至于夹棍，尤万万不可轻用。病人、醉人，不宜轻加扑责。盛怒之下，万不可动刑。"这是在强调，审犯人时绝对不能严刑逼供或使用酷刑，以免酿成冤假错案。

二是"务极虚公"。《手镜录》曰："审事务极虚公，须参互原告、被告及干证口供，虚实曲直自见。不可先执成见，致下有不得尽之情，或至枉纵。"这是在强调，地方官在审案时应坚持公平公正，并且要同时参照原、被告及证人的口供，不能先入为主或听信片面之词。这实际上强调的是司法公正原则。

三是"案无留牍"。围绕办案的效率，《手镜录》强调"不可令久候审理"，而应该"随到随结"，如此则"案无留牍"。而对于抓捕和解送犯人，王士禛也认为需要讲究方式方法，他说："逃人随获随解，不可监禁过三日。或获之道路，或获之空庙，断不可株累窝家。万一果有窝家，令作自首，则保全者大矣。"这里对于抓捕犯人的地点以及成功抓捕后要及时解送，以防生变等事项都有涉及，可谓兼顾了法理和人情。从司法的角度来讲，《手镜录》所提出的关于抓捕、解送、审理、结案等方面的内容已经颇为系统。

王士禛还强调了司法公正、司法平等、司法廉洁、司法程序规范等司法理念，这样的司法理念在当时无疑是具有科学性和先进性的，即使在当下，这些理念也依然具有合理性和较强的参考价值。

王士禛之子王启汸，没有辜负父亲的期望，"性情严毅，摒绝纷华，居官以清白自矢，里居恪守庭训，不预外事"。在土瘠民贫的唐山，他兢兢业业，体恤民情，关心民生，取得了可喜的成绩。

六、清勤永励：刘组焕《寄示臻儿》

刘组焕，字尔立，号桐园，清代山东诸城人。刘组焕家族是诸城望族，兴起于清初，至清中叶达到全盛。家族子弟在科举中接连取胜，做官的人也越来越多，做高官的也不在少数。特别是刘统勋、刘墉父子先后为相，使诸城刘氏的地位和声望越来越大。

刘组焕的父亲刘棨曾任平阳知府，康熙四十八年（1709）

诏选清廉有为的官员，刘棨名在其中，因此于次年升任天津道副使，不久又升任江西按察使。康熙五十二年（1713），刘棨任四川布政使，从二品，成为名副其实的高官。刘棨为官清正廉洁，被《清史稿》收入《循吏传》中。

刘组焕的五哥刘统勋，字尔钝，号延清。乾隆三十六年（1771）任首席军机大臣，开启了汉人担任这一职务的先例。刘统勋秉持家风，清廉刚正，被乾隆皇帝誉为"真宰相"，《清史稿》称其"有古大臣风"。

刘墉像

刘组焕是刘统勋的六弟，他虽然不像哥哥那样身居高位，但也学识渊博，受人尊敬。年轻时，刘组焕凭借父亲刘棨的影响做了行人司行人，是负责颁行旨敕、册封宗室，以及出使慰问、祭祀等事务的小官，为正八品。由于受到礼部尚书吴襄、张大有的器重，升为礼部精膳司主事。乾隆元年（1736），外出做山东河南颁诏使，回京后改任中书科中书舍人，不久调任户部福建司主事，后以足疾归里，居家六年病逝，年58岁。从其仕宦经历来看,他一直担任低级官吏,并未担任重要官职。

刘组焕虽未做高官,在诸城刘氏家族中却以教育家族子弟著名。他是刘墉的启蒙老师。刘墉8岁时开始学业,刘组焕带其读书、练字。刘墉学富五车,与叔叔刘组焕的教育是分不开的。刘组焕的儿子刘臻任砀山知县。砀山是刘家的原籍地,儿子在原籍做官,自然是光宗耀祖的事。但刘组焕亦喜亦忧,喜的是儿子事业有成,年纪轻轻就做了知县;忧的是儿子在原籍为官,稍有不慎,就可能有辱祖宗。为了训示儿子,刘组焕给儿子写了一封信,信中有一首《寄示臻儿》的七言律诗。诗的全文是:

　　别来已是在经春,闻尔仁声政克敦。
　　心警桁杨如保赤,情殷桑梓善推恩。
　　清勤永励媲三异,敬慎常怀对九阍。
　　我勉薄书儿抚字,循良家学共图存。

刘组焕有三个儿子,刘臻、刘界、刘﨑。刘臻是其长子,字凝之,号筠谷,乾隆九年(1744)举人,初授砀山知县。砀山是刘臻进入仕途的第一步。

刘组焕在诗中首先说:"我们父子分别已经快一年了,闻你在砀山知县任上做出了一些成绩,颇有'仁声',值得赞许。但是你要心存警惕,不可懈怠,不忘初心,因为你是在自己祖籍地代表国家为百姓服务。"据清代嘉庆十九年(1814)诸城刘氏族谱记载,在明弘治年间,刘组焕的始祖刘福带着儿子刘恒从砀山迁到诸城。故刘组焕在诗中说"情殷桑梓善推恩"。古代常在家屋旁栽种桑树和梓树,故用"桑梓"比喻故乡。

"推恩"意思是广施仁义、恩惠于他人。地方官在辖区内实行仁政不只是自己有恩于百姓,而是把皇帝的恩典推广到辖区的百姓身上。刘臻去自己的祖籍地担任知县,虽有"仁声",但不要自我满足,不要以为是自己给老百姓带来了实惠,不要忘记你只是代表国家行事,只是把皇帝对百姓的恩惠推广到百姓身上。

"清勤永励媲三异",是告诫刘臻,要永远用"清、勤"激励自己,脚踏实地,勤勤恳恳,做出可媲美"三异"的成绩。"三异"典出《后汉书·鲁恭传》,说鲁恭出任中牟令后实行仁政,境内出现了三种奇迹。据《后汉书·鲁恭传》记载,建初七年(82),鲁恭出任中牟令,不任刑法,以德化人,得到百姓的爱戴。当时发生了蝗灾,中牟县与其他县存在弯弯曲曲的边界,奇怪的是蝗虫只在其他县蚕食庄稼,却从不进入中牟。河南尹袁安将这件事上奏给朝廷,朝廷怀疑不实,派遣仁恕掾肥亲前往中牟调查。鲁恭随从肥亲调查,在田野里勘察时,坐在一棵桑树下休息,旁边有一位农家儿童正在桑树下玩耍。有一只野鸡飞落到儿童身边,野鸡在儿童身旁觅食,并没有惊怕的样子。肥亲问儿童为什么不捕捉那只野鸡,儿童说现在是春天,正是鸟禽繁殖的季节,怎么能去捕捉它们呢?肥亲闻听后,瞿然而起,与鲁恭告别说:"所以来者,欲察君之政尔。今虫不犯境,此一异也;化及鸟禽,此二异也;竖子有仁心,此三异也,久留,徒扰贤者耳。"说罢,与鲁恭告别,回京将所见汇报给朝廷。刘组焕不仅训诫儿子永励清勤,还对儿子提出要做出像"三异"这样更高的成绩。

"敬慎常怀对九阍"是诫训儿子要常怀敬畏、谨慎之心对待朝廷，不辜负国家的信任。"九阍"的意思是九天之门，以之比喻朝廷。作为地方官员，天高皇帝远，最重要的是要有敬畏之心。

"我勉薄书儿抚字，循良家学共图存。"意思是说：我勉强做了一个户部管理户口簿的小官，我儿子却做了对百姓安抚体恤的地方官员。只有继承并发扬光大优良家风，才能恪守"循良"家训，才能使家风继世，代代永存。"抚字"典出《后汉书·列女传·程文矩妻》："四子以母非所生，憎毁日积，而穆姜慈爱温仁，抚字益隆，衣食资供皆兼倍所生。""抚字"本是抚养的意思，后逐渐延伸指地方官对百姓安抚体恤。《西湖佳话·白堤政迹》："立朝则尽言得失，守邦则抚字万民。"

刘组焕的长子刘臻在砀山做知县时，没有辜负父亲的诫训，政绩特别突出。砀山位于黄河下游，当时黄河经河南的兰考、民权、商丘，进入江苏砀山，再经徐州、宿迁、淮安折向东北入海。砀山地处平原，河流缓慢，黄沙淤积严重，时常决口。刘臻在任时，亲自勘察地势，率领民众抵御洪水。当时乾隆帝派遣主管水利的大臣刘统勋视察黄河灾情，河督向刘统勋举荐刘臻。刘统勋是刘臻的伯父，刘臻担心外人说自己是因为与上级有宗亲关系才被推举。刘臻牢记父亲"清勤永励""敬慎常怀"的教诲，为避免败坏家族声誉，坚决不接受举荐。刘臻在砀山的政绩有目共睹，当地百姓为其立"德政碑"，以表示对他的爱戴和纪念。

第六章　母懿垂范：中华优秀家风故事（三）

"母懿垂范"是指母亲具有高尚的品德和崇高的行为，堪做他人的榜样。母亲对于子女的教育，被称为"母教"。"母教"一词，语出汉代刘向《列女传·邹孟轲母》："孟子之母，教化列分。"在中国历史上，有许多母教的典范，如孟母教子、稷母责金、侃母封鲊、欧母画荻等，清代刘大櫆《卢氏二母传》曰："夫自古贤人修士之生，盖必有母教。"这些母教故事，在今天仍具有重要的启迪意义。

一、敬姜教子：劳则思，逸则淫

敬姜（生卒年不详），姜姓，名戴己，齐国莒（今山东莒县）人，齐侯庶出之女，大约生活在春秋晚期。据《烈女传》记载，敬姜嫁给鲁国大夫公父穆伯做了夫人，生下公父文伯。她通达知礼，德行光明；匡子过失，教以法理。其事迹散见于《国语·鲁语》《列女传·母仪》《韩诗外传》《礼记·檀弓》。她去世之后，谥号为敬，故称"敬姜"。

春秋时期，鲁国由季氏掌政。鲁哀公四年（前491）至二十七年（前468），执掌鲁国国政的是季康子。季康子，姬姓，季氏，名肥，谥康，史称"季康子"。季康子事鲁哀公，此时鲁国公室衰弱，以季氏为首的"三桓"强盛。季氏宗主季康子位

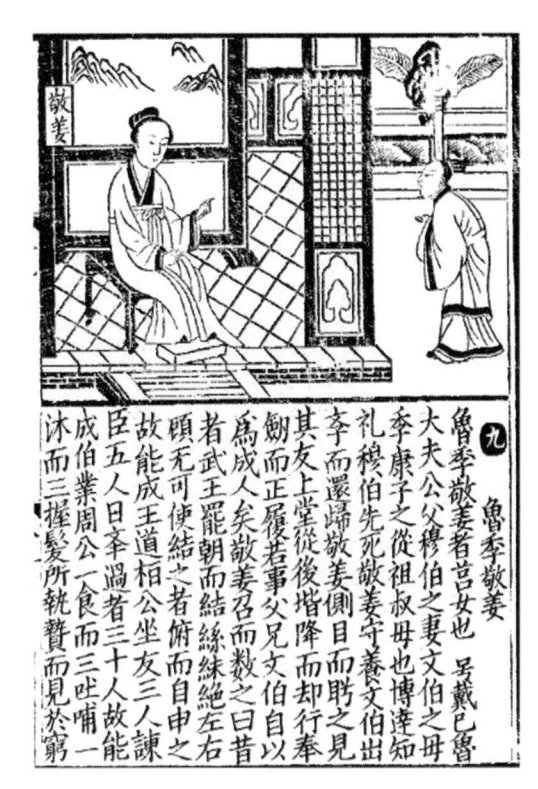

高权重，是当时鲁国的权臣。季康子曾派大臣公华、公宾、公林带着重礼，迎回当年被"三桓"赶出鲁国的孔子。季康子问孔子如何治理国家。孔子回答说："政者，正也。子帅以正，孰敢不正？"意思是说："政"就是端正的意思。您本人以身作则，带头走正路，那么还有谁敢不走正道呢？季康子对鲁国政治产生了重大影响。

［西汉］刘向：《古列女传》卷一《母仪传·鲁季敬姜》

按照辈分，敬姜是季康子的从祖叔母，敬姜的儿子公父文伯是季康子的从叔父。当时鲁国势弱，处在齐、吴两个大国之间，处境艰难。而"三桓"之间的关系也不是很融洽，季康子的专权，也让叔孙氏、孟孙氏不满。在这种情况下，季康子对公父文伯十分倚重。

公父文伯官列大夫，是鲁国的高官，加之侄子季康子主政，所以心得意满，自觉高人一等，长此以往，慢慢滋长了骄奢之心。《国语·鲁语》记载了公父文伯与母亲敬姜的一则故事。

有一天，公父文伯退朝回家后向母亲问安，看到母亲正在

鲁国故城遗址（山东曲阜）

绩麻，就向母亲抱怨："像我们这样的家庭，您有必要亲自绩麻吗？季康子看到后会生气的，以为我不能善待自己的母亲，才导致您亲自纺线织布。您怎么不休息一下呢？"敬姜家族满门高官，俸禄丰厚，即便不从事任何劳作，也可以享受荣华富贵。但她却像普通人家的妇女一样，纺线织布，勤俭经营。当她听到儿子的抱怨时，感叹说："鲁国真的要亡国了吗？让糊涂的人做官，把国家的命运交给你们，可你们却不知道如何治理国家。儿子啊，你坐下来，母亲告诉你。"

公父文伯坐在母亲面前，敬姜语重心长地说："古代的圣王治理天下，给百姓安置的土地不一定肥沃，但让他们开垦耕种，用自己的辛勤劳作获取生活所需要的东西，这样国家就能够长治久安。"公父文伯望着母亲问道："这是为什么呢？"他期待母亲继续讲下去。

敬姜慢慢地说："夫民劳则思，思则善心生；逸则淫，淫则忘善，忘善则恶心生。"意思是说：老百姓勤劳耕作、安心生产，就会考虑如何提高产量、改善生活，考虑安定生活，就会生善心；如果长期好逸恶劳，就会生淫乱之心，淫乱之心生，就会忘记初心而产生邪恶的想法。

敬姜顿了顿继续说："拥有肥沃土地的人，可以不劳而获，容易产生好逸恶劳的品性；拥有贫瘠土地的人，则勤劳耕作，容易产生善良向义的品格。这是好逸与好劳而导致的不同结果。所以，天子在祭祀太阳时，穿着庄重的五彩礼服，与三公九卿怀着敬畏和恭敬之心谈论天道，以示对自然的尊重。白天，与文武百官研究政事，商讨解决国计民生的重大问题，以示对国事的重视。在秋分的夜晚，穿着三彩礼服举行祭月仪式，以示对月神的尊敬，祈求秋收丰厚。即便是晚上，也要思虑祭祖是否真诚、郊祭是否庄重，然后才能安歇。天子尚且如此兢兢业业，诸侯更不用说了。作为接受天子册封并代替天子治理地方的诸侯，上午思虑是否尽职尽责以不辜负天子的册封，下午思虑执行典刑时是否有所不当，夜晚则要督查百工是否完成了各自的职分，然后才能休息。卿大夫早晨考查职责，白天宣讲政事，傍晚督察刑法，夜晚处理家事，然后才敢休息。士早晨受业，白天演练，傍晚复习，夜里则检查一天的所作所为是否有遗憾之事，而后才能安心休息。自庶人以下，天一亮就要开始劳作，太阳落山后才能停止，日出而作，日落而息，没有一天能够休息。男人们都尽自己的职分，妇女们也不能清闲。王后亲自缝制黑色的帽带，公侯的夫人编织纮、綖，卿的正妻要做大带，命妇要制作祭祀用的衣服，士的夫人则加工制作朝服，自庶士以下人的夫人，都要给自己的丈夫缝制衣服。"

"每个人除了做好自己的职分外，还要参与集体事务。祭祀土地神时要积极参与并贡献钱财，祭祀祖先时要心诚。无论男女都有自己职分，如果不按照职分来做，就会出现问题，这是自古以来的制度。君子从事脑力劳动，小人从事体力劳动，这是先王遗留下来诫训。自上而下，谁敢任性而为，谁可以不尽心尽力呢？况且我们母子的财富不是太多，地位也不是太高，即便朝夕勤恳，也犹恐不能完成先王赋予的使命。我见你有所怠惰，万一出现不利的境况，怎么能够躲避呢？我希望你朝夕修业，能够对母亲说'我没忘初心，没有辜负先人的期望'，你却说'怎么不休息一下呢'。以这种想法担任国君之官我真担心你会辱没祖宗，让你的父亲断绝家族的香火。"

总之，敬姜认为：上自天子、诸侯、三公、九卿，下至黎民百姓，必须人人劳作，或劳心，或劳力，都要尽力完成自己的职分。只有如此，才能政清人和、国泰民安，这是治国安邦的基础和前提。

敬姜慎别（［民国］蔡振绅《八德须知》）

孔子听说这件事后，对他的学生说："你们都记住，鲁国季氏的这位夫人不是骄奢淫逸之人。"

有一天，姜敬去鲁国执政者季康子处。这时，季康子正在朝堂上处理政务，他看到堂叔祖母敬姜到来，连忙打招呼致意。敬姜像没看到一样，理也没理。季康子感到奇怪，于是就跟着敬姜走了过来，一直走到寝门，敬姜还是没有理会季康子，而是自己径直走了进去。后来，季康子去拜见她，敬姜把门打开，站在门里与季康子说话，并不走到门外面来。敬姜与季康子是叔祖母与侄孙的关系，她在朝堂中不与季康子说话，而在寝门内说话却不出门，可见其对男女之间的礼节遵守得多么严格。

孔子听说后，称赞敬姜懂得男女之间的礼节。

二、母教一人：孟母教子

孟子是鲁国贵族孟孙氏的后裔，不幸早年丧父，年幼的孟子跟随母亲生活。《三迁志》《韩诗外传》和刘向的《列女传·母仪》都记载了孟母教子的故事。

居住环境对人的成长有着重要的影响。孔子在《论语·里仁》中说："里仁为美，择不处仁，焉得智？"意思是说：居住的地方以具有仁爱的风气为善，选择的住处没有仁爱之风，怎么能说是明智的呢？《孟子·公孙丑上》也引用了这句话。这说明孔子、孟子都十分重视居住环境对人成长的影响。历史上广泛流传的"孟母三迁"的故事是对这句话最好的诠释。

据说，孟子最初的居住地临近墓地，孟子小时候经常观看送葬的人披麻戴孝、哭哭啼啼，觉得非常好玩，就在后面模仿。

孟母认为这样长期下去，不利于孟子的身心健康，便搬家到集市附近。集市上，每天从早到晚，人来人往，熙熙攘攘，商贩们的叫卖声此起彼伏，不绝于耳。幼小的孟子觉得好玩，就与集市附近一群孩子一起模仿商人做生意的样子。孟母为了选择一个有利于孟子成长的环境，再次搬家，这次搬到了学校附近。

孟子像

学堂里，时而书声琅琅，是先生在领着学童们诵读诗书；时而乐声阵阵，是先生带领着学童们演习礼仪。孟子玩耍时也学着先生摆设礼器，演习礼仪，并深深地被读书声所吸引。孟母见此，非常高兴地说："这里才是适宜我孩子居住的地方啊！"于是，就在学堂旁定居下来。这就是"孟母三迁"的故事。

随着孟子年龄的增长，孟子也入学堂开始读书了。有一天，孟母正在织布，孟子在一旁读书，读着读着走了神，竟然停了下来不读了。孟母见状，为了教育孟子，便起身拿起剪刀把织机上的线剪断。孟子被母亲突如其来的举动惊住了，问母亲为什么把织机上的线剪断。孟母对孟子说："织机上的线织成布才能成为有用的材料,一旦剪断,就前功尽弃,成为废物。学习和织布一样,只有不断地努力,才能进步,才能学有所成,如果半途而废,就会一无所成。"孟子被母亲的话所触动,自此以后,日夜苦读,手不释卷,为后来成为伟大的思想家奠定了坚实的基础。

孟子结婚后,孟母也没有放松对孟子的教育。有一天,孟子的妻子独自一人在卧室内,伸开两腿坐着。孟子突然推门进来,看到这样的妻子十分生气。他对母亲说:"妻子不懂礼节,我要休妻。"母亲问其原因,孟子将这件事情叙说了一遍,并认为一向注重礼节的母亲会支持自己的主张。

哪知孟母没有指责儿媳,却说是孟子的不对。她说:"按照礼节,你进门之前应先问房内是否有人,进客堂之前要先发出声音让客堂上的人听见。如果你不声不响突然闯进别人的起

孟母三迁祠碑(孔健摄,宋立林提供)

孟母断机处

居室，会让室内的人措手不及，这是不合乎礼节的。你突然进入房间，又未在室外招呼妻子，她毫无准备。这种状况是你失礼造成的，怎么能怪别人不懂礼节呢？"

孟母的一席话，使孟子认识到了自己的过错。孟子在母亲的教诲下，逐渐走向成熟。

孟子成年后，学有所成，终于成为大儒。许多有才德的人都称赞孟母教子有方。孟母教子的故事流传了两千多年，不仅载入《列女传》，而且后人还将其编入《三字经》，曰："昔孟母，择邻处。子不学，断机杼。"此后，孟母教子的故事几乎家喻户晓。

今山东省曲阜市小雪街道凫村东，有孟母林墓群，是孟子

亚圣林（孔健摄，宋立林提供）

母亲及孟氏后裔的家族墓地。林东南为林门，门前有林道。林内古树参天，并有享殿、文昌阁、望岵亭等建筑。孟母林享殿是祭祀孟母之所，殿后有清代所立"启圣邾国公端范宣献夫人神位"碑一幢，碑前有石供桌。孟母墓位于享殿西约60米。孟母林西有一村庄，名为凫村，是孟子的出生地。孟母林墓群留存宋、元、明、清碑刻近600通，是一处仅次于孔林的墓地。

今山东济宁邹城市有孟庙、孟府及孟林。孟庙为历代祭祀战国思想家孟子之所，孟府是孟子嫡系后裔居住的宅第，位于济宁市邹城市孟庙西侧，庙、府仅一街之隔。元文宗至顺二年（1331），孟轲被封为"邹国亚圣公"，孟府因此被称为"亚圣府"。孟林亦称"亚圣林",是葬埋孟子及其后裔的家族墓地,位于邹城市区东北的四基山西麓。孟庙、孟府、孟林合称"三孟"。

三、稷母责金:非理之利,不入于家

战国时期的齐国在列国中实力雄厚,堪称东方大国。齐宣王时,齐国称雄诸侯,与其前的齐威王时期并称"威宣盛世"。

齐宣王是战国时期田齐第五位国君(前320—前301年在位),执政期间,齐国快速发展,国势继续上升。继其父齐威王之后,齐宣王广开稷下学宫,招揽四方游士、学者,使稷下学宫的发展臻于极盛,齐国逐渐成为当时较强大的诸侯国之一。为巩固齐国的统治,齐宣王频频问政于大臣、学者,与之探讨治国理民的方法。《韩非子·外储说左下》中有对齐宣王与匡倩讨论君臣、等级、贵贱、上下关

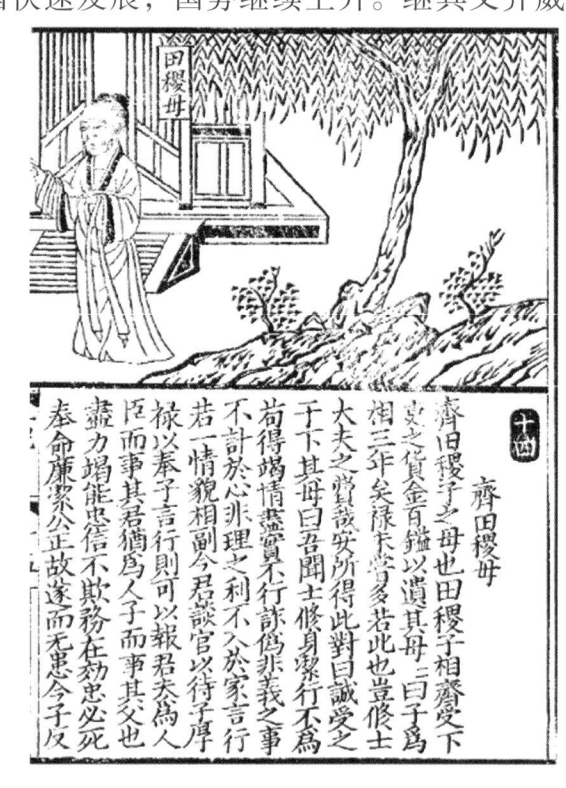

[西汉]刘向:《古列女传》卷一《母仪传·齐田稷母》

系的记载。《韩非子·外储说右上》中则有齐宣王问唐易子射猎之事，借此探讨国君如何治国的记载。《孟子》中有大量关于齐宣王问政的记载。齐宣王向孟轲请教称霸天下的方法，孟轲也多次游说齐宣王弃霸道而行王道。《战国策·齐策四》记载了王斗谏齐宣王好士、颜斶与齐宣王争论士贵而王者不贵等事。司马迁在《史记·田敬仲完世家》中说："宣王喜文学游说之士。"桓宽《盐铁论》引贤良文学语："齐威、宣之时，显贤进士，国家富强，威行敌国。"凡此种种，都说明齐宣王是一位善向学者咨询治国理政方略的人。

据文献记载，齐宣王在位时期，相继任用田婴、储子、田文为相，并召回了出奔楚国的大将田忌。《列女传·母仪》则记载有《齐田稷母》，讲的是齐宣王任田稷为相、稷母责金的故事。

田稷子相齐，受下吏之货金百镒，以遗其母。母曰："子为相三年矣，禄未尝多若此也。岂修士大夫之费哉？安所得此？"对曰："诚受之于下。"其母曰："吾闻士修身洁行，不为苟得；竭情尽实，不行诈伪；非义之事，不计于心；非理之利，不入于家；言行若一，情貌相副。今君设官以待子，厚禄以奉子，言行则可以报君。夫为人臣而事其君，犹为人子而事其父也。尽力竭能，忠信不欺，务在效忠，必死奉命，廉洁公正，故遂而无患。今子反是，远忠矣。夫为人臣不忠，是为人子不孝也。不义之财，非吾有也；不孝之子，非吾子也。子起！"田稷子惭而出，反其金，自归罪于宣王，请就诛焉。宣王闻之，大赏其母之义，遂舍稷子之罪，复其相位，而以公金赐母。君子谓稷母廉而有化。诗曰："彼君子兮，不素飧兮。"无功而食禄，不为也，况于受金乎？

颂曰：田稷之母，廉洁正直。责子受金，以为不德。忠孝之事，尽财竭力。君子受禄，终不素食。

毕诚在《中国古代家庭教育》（商务印书馆，1997年版）一书中，把《烈女传》记载的这则故事以白话文的方式用生动的语言叙述出来。为了再现"稷母责金"这一佳话，抄录如下。

一天，田稷乘车回到家中。像往常一样，他回到府中的第一件事是在高堂叩拜母亲，给母亲大人请安。善于观言察色的老母，总是能从儿子的表情及言语中看出他一天从政的情况。田稷向母亲问安后，脸上露出一丝喜气，顺手从袖中掏出百镒金子，双手奉上，说："孩儿孝敬母亲。"

田母瞧见如此重额的金子，顿生疑虑，沉着脸问道："你为相三年，俸禄从没有这么多。这是君王赏赐的，还是士大夫贿赂的？"田稷不敢作声。田母见状，心里已知道七八分，她严肃地问："你为什么不回答？"

身为齐相的田稷，尽管在宫廷中威严不可侵犯，但在家中却敬畏母亲的严教。他不想也不敢欺瞒老母，只得老老实实地向母亲讲出了这百镒金子的来历。原来是一位大夫因渎职，企求田稷在宣王面前说几句好话，求得宽恕，所以就暗地里给了他这些黄金。田稷当时也执意不要，但无奈这位大夫死缠不放，并说是孝敬田老夫人的。田稷是个孝子，最终还是收下了。

田母听后，正色道："儿子听着，你接受下属的贿赂，是不诚不义、不忠不孝啊！我听说士人修身洁行，不取苟得之物；竭情尽实，不做诈伪之事。不义之事不计于心，不仁之财不入于家，言行如一，情貌相符。你受贿赂，就得为人开脱罪过，还坏了国家吏治的法度。这是不诚实、丧礼义的。如今君王让你做了齐相，你享受的优厚俸禄，可是你的言行能够报答君王的信赖和恩情吗？你作为国家的重臣，事事处处应当作群僚的表率，事君如事父，尽心竭能，忠信不欺，把效忠君王当作自己的义务，执行君王的命令和国家法律，廉洁公正，这样就不会有任何灾难降临。可是你现在离忠义太远了。为人臣不忠，就等于为人子不孝，以老母之名受不义之财，实陷亲于不义。所以你既不是个忠臣，也不是个孝子。不孝之子，就不是我的儿子，请立即离开这个家。"说完，田母头也不回，扶着拐杖气愤地回房去了。

田稷匍匐在地，满面羞赧，冷汗涔涔，恨不得一头钻进地缝里去。待母亲离开大堂后，他立即让家人驾车，将金子退还给属下，至晚方归。次日，田稷上朝，面见齐宣王，恳求给他治罪，罢免相位。

宣王派人了解了事情的始末，对田母的母德风范称赞不已，并亲自到相府看望田母，随行人员亦对田母由衷敬佩。宣王对群臣说："有贤母必有良臣。相母之贤如此，何愁我齐国吏治不清？"他当着田母的面，表扬田稷请罪改过光明磊落的品德，赦免了田稷的罪行，恢复了田稷的相位，并赏赐田母金子和布帛，以表示对她的敬意。

从此之后，田稷更加注意修身洁行，遂成为战国时期很有作为的一代名相。

四、婶母垂泪：皇甫谧浪子回头

皇甫谧（215—282），幼名静，字士安，自号玄晏先生。西晋时期著名医学家、史学家。

皇甫谧出身显贵，六世祖皇甫棱为汉代度辽将军，五世祖皇甫旗为扶风都尉，四世祖皇甫节为雁门太守。节之弟皇甫规官至度辽将军、尚书，封寿成亭侯。曾祖皇甫嵩因镇压黄巾起义有功，官拜征西将军、太尉。至晋朝，皇甫氏家族渐趋没落，没有再出现高官。皇甫谧的祖父皇甫叔献，曾当过霸陵令；父亲皇甫叔侯，仅举孝廉。至皇甫谧时，家族已经衰落。

皇甫谧出生后生母就去世了，他被过继给叔父。15岁时，他随叔父离开故土，在兵荒马乱中度过了他的童年和少年。

叔父、婶母对其视

中国针灸鼻祖皇甫谧塑像（甘肃灵台）

为己出，疼爱有加。期望他能够读书成才，光耀门庭，恢复家族的辉煌。早年由于战乱，皇甫谧缺失早期教育，以至于少年时整日游荡，甚至彻夜不归，叔父、婶母想尽各种办法管教，都不见成效。皇甫谧20岁时，依然游荡无度，尤其不好读书，经常带领一些八九岁的孩童玩耍，有时将孩童编成两队，手执荆条编成的盾和矛，对阵打斗，甚至痴喊乱叫，叔父、婶母也没有任何办法。

有一次，黄埔谧在外得到一个瓜果，他将其献给婶母，心想婶母一定会高兴。没想到婶母任氏正色说："《孝经》云：'三牲之养，犹为不孝。'汝今年余二十，目不存教，心不入道，无以慰我。"[①] 意思是，《孝经》说："即使每天用牛、羊、猪三牲来奉养父母，如果一个人表现出不良行为，那么这种供养也不能算是真正的孝顺。"你今年已经20岁了，眼中没有规矩章法，心中没有道德准则，没有什么可以安慰我。

婶母边说边不停地叹息，她感叹说："昔孟母三徙以成仁，曾父烹豕以存教，岂我居不卜邻，教有所阙，何尔鲁钝之甚也！修身笃学，自汝得之，于我何有！"[②] 大意是，从前孟母三迁，终于把孟子培养成仁人；曾参的父亲为了教育儿子，把仅有的一头猪都杀了。难道我没有选择好居住环境，又没有曾参父亲那样的教育方法，才造成你如此的鲁钝愚昧吗？修身笃学，全靠自己努力，收获属于你自己，你学不学和我有什么关系。说罢，她对着皇甫谧痛心地哭泣起来，涕流满面。

[①] 《晋书·皇甫谧传》。
[②] 《晋书·皇甫谧传》。

皇甫谧见婶母如此伤心，心灵受到触动，痛心自责，决心痛改前非，重新做人。

第二天，皇甫谧就拜乡人席坦为师，开始发奋学习。皇甫谧从此改弦易辙，如饥似渴地沉醉在书本之中，废寝忘食，"勤力不怠"。由于家境贫困，皇甫谧一边耕作，一边读书，"遂博综典籍百家之言。沈静寡欲，始有高尚之志，以著述为务，自号玄晏先生。著《礼乐》《圣真》之论"[1]。他26岁时，以汉前纪年残缺，遂博案经传，旁采百家，著《帝王世纪》《年历》等；42岁前后得风痹症，仍手不释卷，悉心攻读医学典籍，开始撰集《针灸甲乙经》；46岁时，已成为声名鹊起的著名学者。

皇甫谧像

随着皇甫谧声名日益显赫，有人劝他去做官，他对皇甫谧说："富贵人之所欲，贫贱人之所恶，何故委形待于穷而不变乎？且道之所贵者，理世也；人之所美者，及时也。先生年迈齿变，饥寒不赡，转死沟壑，其谁知乎？"皇甫谧认为："非圣人孰能兼存出处，居田里之中亦可以乐尧舜之道，何必崇接世

---

[1] 《晋书·皇甫谧传》。

利，事官鞅掌，然后为名乎。"他作《玄守论》以答之。皇甫谧说："人之所至惜者，命也；道之所必全者，形也；性形所不可犯者，疾病也。若扰全道以损性命，安得去贫贱存所欲哉？吾闻食人之禄者怀人之忧，形强犹不堪，况吾之弱疾乎！且贫者士之常，贱者道之实，处常得实，没齿不忧，孰与富贵扰神耗精者乎！又生为人所不知，死为人所不惜，至矣！喑聋之徒，天下之有道者也。夫一人死而天下号者，以为损也；一人生而四海笑者，以为益也。然则号笑非益死损生也。是以至道不损，至德不益。何哉？体足也。如回天下之念以追损生之祸，运四海之心以广非益之病，岂道德之至乎！夫唯无损，则至坚矣；夫唯无益，则至厚矣。坚故终不损，厚故终不薄。苟能体坚厚之实，居不薄之真，立乎损益之外，游乎形骸之表，则我道全矣。"

曹魏宰相司马昭下诏征聘皇甫谧做官，皇甫谧不仕，作《释劝论》，"耽玩典籍，忘其寝食，时人谓之'书淫'"[1]。

皇甫谧51岁时，多次被晋武帝征召，均予以拒绝。53岁时，武帝频下诏敦逼，皇甫谧"上疏自称草莽臣"[2]，乃不仕。54岁时，又举贤良方正，不起，反而上表向晋武帝借书。武帝送书一车，"谧虽羸疾，而披阅不怠。初服寒食散，而性与之忤，每委顿不伦，尝悲恚，叩刃欲自杀，叔母谏之而止"[3]。61岁时，晋武帝又诏封他为太子中庶。"谧固辞笃疾。帝初虽不

---

[1]《晋书·皇甫谧传》。
[2]《晋书·皇甫谧传》。
[3]《晋书·皇甫谧传》。

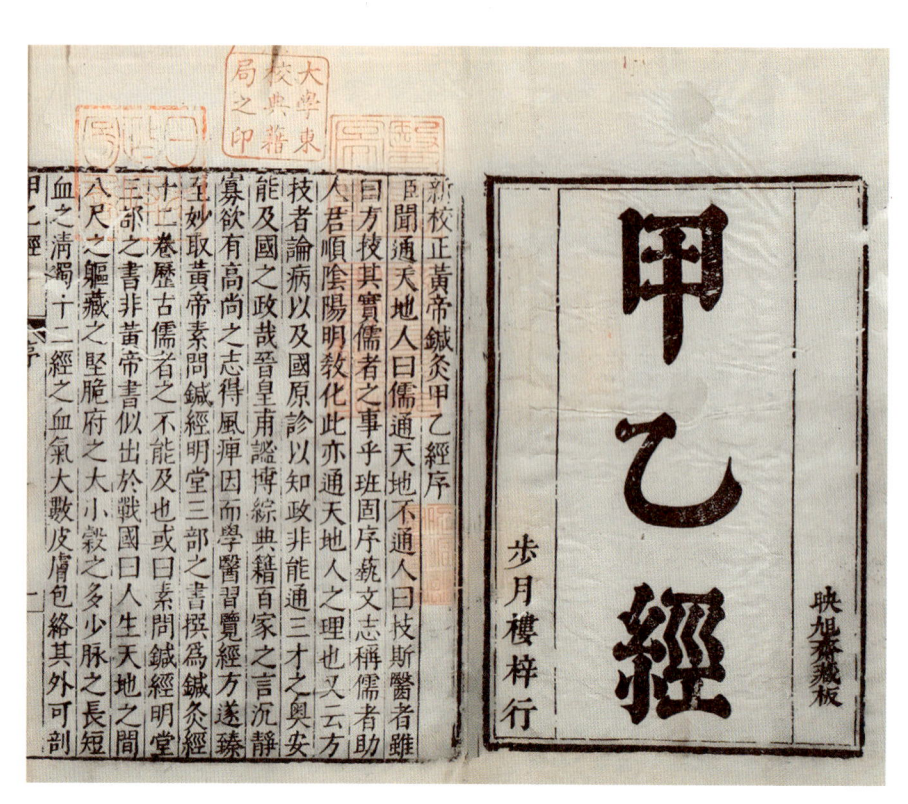

《甲乙经》书影

夺其志，寻复发诏征为议郎，又召补著作郎。司隶校尉刘毅请为功曹，并不应"，著惊世骇俗的《笃终论》。皇甫谧68岁时，《针灸甲乙经》刊发经世，是中国第一部针灸学的专著。皇甫谧在针灸学史上，占有很高的学术地位，被誉为"针灸鼻祖"。太康三年（282），皇甫谧在张鳌坡去世，时年68岁。其子尊父笃终遗训，选择不毛之地，将其俭礼薄葬，世人称之为"皇甫冢子"。

史臣在《晋书》中评价皇甫谧："皇甫谧素履幽贞，闲居养疾，留情笔削，敦悦丘坟，轩冕未足为荣，贫贱不以为耻，确乎不拔，斯固有晋之高人者欤！洎乎《笃终》立论，薄葬昭俭，既戒奢于季氏，亦无取于王孙，可谓达存亡之机矣。"

五、封鲊还遗：侃母封鲊责子与宗母还鲊训子

"封鲊"是称颂贤母之辞，历史上与"封鲊"相关的记载，有陶侃的母亲封鲊责子和孟宗的母亲还鲊训子。

陶侃（259—334），字士衡（一作士行）。他是晋朝重要的军事将领。

陶侃出身寒门，早年仕途艰难，官位不显，曾在浔阳做过县吏。据《晋书·列女传》记载："（陶侃）少为寻阳县吏，尝监鱼梁，以一坩鲊遗母。湛氏（侃母）封鲊及书，责侃曰：'尔为吏，以官物遗我，非惟不能益吾，乃以增吾忧矣。'"意思是说，陶侃年轻时在浔阳县做县吏，曾经负责监管渔业生产。他利用职务便利，给母亲湛氏送了一罐腌鱼。母亲把罐子的口封住退还给陶侃，并修书一封，指责陶侃说："你身为管理渔业生产的官吏，却利用职务便利，将属于公家的东西送给自己的母亲，这不但对母亲没有任何好处，反而会增加母亲对儿子违法乱纪的担忧。"陶侃看到母亲的书信后，十分惭愧，决心做一名清正廉洁的官吏，绝不做任何损公肥私的事情。

因县吏收入较低，陶侃母子的生活过得十分艰辛。一次，鄱阳郡孝廉范逵途经陶侃家。时值冰天雪地，仓促间陶侃无以待客。陶侃的母亲湛氏只好剪下自己的长发卖了点钱，才得以置办酒菜待客。宾主畅饮极欢，连范逵的随身仆从也受到很好的招待。范逵告别时，陶侃相送百余里。范逵问："你想到郡中任职吗？"陶侃回答："我是想去，可苦于无人引荐。"范逵

拜见庐江太守张夔，极力赞美陶侃。张夔召陶侃为督邮，领枞阳县令，陶侃在任上以多才多识而著名。

后来，张夔向朝廷举荐陶侃为孝廉，陶侃又受朝中重臣张华赏识，得以出任郎中，后来又做了伏波将军孙秀的舍人。八王之乱时，陶侃凭借自身的真才实学，深得荆州刺史刘弘的重用，参与平定张昌起义、陈敏叛乱。后陶侃又投靠琅琊王司马睿，平息杜弢领导的流民起义，

陶侃像

一度被授为荆州刺史，旋又改任广州。陶侃在广州，闲时总是在早上把一百块砖运到书房的外边，傍晚又把它们运回书房里。别人不解，问他为何如此这般，他回答："我正在致力于收复中原失地，如过分悠闲安逸，唯恐难担大任。"

王敦之乱平息后，陶侃再镇荆州，加都督荆、雍、益、梁四州军事、征西大将军。咸和二年（327），苏峻、祖约之乱爆发，陶侃与江州刺史温峤等组建西方义军，成功讨平叛乱，因功加侍中、太尉，都督七州军事，封长沙郡公。咸和五年（330）兼领江州刺史，咸和七年（332）收复襄阳，咸和九年（334）辞官归隐。不久，陶侃安逝于樊溪，享年76岁，追赠

大司马，谥号"桓"。

陶侃从戎四十一年，"雄毅有权，明悟善决断"，为东晋政权的建立及巩固立下卓越功勋，成为两晋之际颇具传奇色彩的人物。

另一则"还鲊"故事的主人公是孟宗的母亲。吴人孟宗的母亲是江夏人，为了让儿子孟宗成年后有所作为，她在孟宗年幼时就让他跟随南阳硕儒李肃读书。孟宗长大后，做了左将军朱据的下级军吏。

《晋书·卷六十六·陶侃传》书影

孟宗跟母亲一起生活，日子过得十分艰辛。家中的房屋破损了，也没钱维修。有一天晚上，天降大雨，孟宗家的房子漏雨，整个房间都积满了水，弄得母亲不能好好休息。面对如此情景。孟宗愧疚万分，跪在母亲面前向母亲谢罪，他哭着说："儿子不孝，没有能力让母亲过上安逸的生活，这实在是罪过啊！"母亲并没有指责儿子，而是平淡地说："虽然贫穷不是我们想要的，但贫穷并不可怕，只要儿子能勤勉努力，体恤百姓，

堂堂正正做人，我就知足了。你是一个男子汉，竟然因贫穷而哭泣，那就太不值得了。"孟宗听罢母亲的教诲，似乎有所感悟，他从此不再为贫穷忧愁，而是把全部精力投入工作中。

宗母还鲊（[民国] 蔡振绅《八德须知》）

左将军朱据听说这件事后，对孟母的品质和为人十分欣赏，对孟宗也格外看重。为了减轻孟宗母子的生活压力，他给孟宗安排了一个收入稍高一点的职位，让他去做盐池司马，即管理渔盐生产的官吏。盐池司马的工作相对轻松，孟宗在休闲时就结网捕鱼，以补贴家用。有一天，孟宗将腌制好的一坛鱼送给母亲，母亲并没有收下，而是将坛子封好送还给孟宗。孟母对孟宗说："你现在是管理渔盐的官吏，这样做别人会认为你是以权谋私。凡事都应当有所避嫌，这个道理你该明白，而且要时刻铭记。"

明代理学家吕坤对宗母封鲊这件事评价说："世岂有母廉而子贪者乎？至于'贫何足泣'四字，此英雄豪杰所不能道者。至封鲊还遗，与陶侃母事同一辙。善于教子，三迁之后，又得一孟母，岂不贤哉。"

六、以俭助廉：欧阳修之母画荻教子

欧阳修（1007—1072），字永叔，号醉翁，晚号六一居士，吉州庐陵永丰（今江西永丰）人。北宋杰出的政治家、文学家、史学家。

欧阳修的父亲欧阳观是一个小吏，北宋大中祥符三年（1010）在调任泰州（治所在今江苏泰州）军事推官时，因病瘁死于泰州官舍。欧阳观生前居官清正廉洁，家无积财，仅能维持一家人的基本生活所需。欧阳观病逝时，欧阳修年仅4岁，家中生活的重担全部落在欧阳修的母亲郑氏身上。

因生活所迫，郑氏只好携儿带女投奔在随州（今湖北随州）任推官的欧阳修的二叔欧阳晔。到达随州以后，虽然欧阳修母子在生活上得到了叔父欧阳晔的帮助，但日子仍然过得十分拮据。在困苦的生活中，郑氏依然不忘对欧阳修的早期培养，用欧阳观处世为人的风范对幼小的欧阳修进行教育。

虽然日子过得艰辛，但欧阳修的母亲郑氏没有自暴自弃，而是更加重视对欧阳修的教育。

欧阳修像

转眼欧阳修就到上学的年龄了，郑氏一心想让儿子读书，可是家里贫困买不起上学用的纸笔，更无力聘请私塾先生，这个问题一直困扰着郑氏。

郑夫人决定自己担任儿子的启蒙教师，用自己掌握的知识对欧阳修进行文化启蒙教育。有一次，郑氏看到河岸边长满荻草，突发奇想：用这些荻草秆在地上写字不是也很好吗？于是她用荻草秆当笔，铺沙当纸，开始教欧阳修在沙地上练字。欧阳修在母亲的教导下，在地上一笔一画反反复复地练，错了再写，直到写对、写工整为止。这就是后人传为佳话的"画荻教子"。

郑氏画荻教子的故事，北宋中期就在民间广泛流传，后来《宋史》《欧阳修全集》《庐陵欧阳文忠公年谱》等书中，都有关于这则故事的记载。郑氏甘守清贫、崇尚节俭的品德和"画荻教子"的感人故事被世世代代传诵，她也因此成了中国古代母教文化的典范。

欧阳修在母亲的教导下，很快喜欢上了诗书。每天读书写字，知识积累越来越多，在年幼时期就背诵了许多经典诗文。

郑氏不仅关注欧阳修的读书学习情况，还关注对其道德品质的培育。欧阳修的父亲生前曾在道州、泰州做过管理行政事务和司法的小官。他为官廉洁，体恤百姓，深受百姓爱戴。欧阳修长大成人后，做了比他父亲职级高许多的官员，母亲还是经常将他父亲为官的事迹讲给他听。她对儿子说："你父亲做司法官的时候，对于涉及平民百姓利益的案宗，都十分慎重，常常处理案件到深夜，翻来覆去地看。凡是能够从宽、从轻判处的，都从宽、从轻；而对于那些实在不能从轻判处的，也是深表同情，叹息不止。"她还说："你父亲为官清正廉洁，不谋私利，而且经常以财物接济别人。他常常说不要把金钱变成累赘，所以他去世后，没有留下一间房，也没有留下一垄土地。"

她告诫儿子："对于母亲的奉养，不一定在物质上十分丰盛，重要的是要有一颗孝心。即便自己的财物不能完全布施到穷人身上，也一定要心存仁义，体恤百姓。只要你能像你父亲一样，我就放心了。"郑氏的教诲对欧阳修的成长起了重要作用。

宋仁宗天圣八年（1030），欧阳修进士及第；景祐元年（1034）任馆阁校勘，参与编修《崇文总目》。景祐三年（1036），权知开封府事范仲淹上《百官图》讽刺宰相吕夷简被贬，欧阳修因上书为范仲淹申辩而被外贬夷陵（今湖北宜昌）县令。康定元年（1040）初，范仲淹出任陕西经略安抚副使，征辟欧阳修为掌书记。欧阳修闻命，笑着推辞道："昔者之举，

欧阳修陵园（河南新郑）

岂以为己利哉？同其退不同其进可也。"六月，欧阳修被召回京，复任馆阁校勘，编修《崇文总目》。十月，转太子中允，同修礼书。庆历二年（1042）八月，欧阳修请求外任，九月被任为滑州通判。

庆历三年（1043），欧阳修入朝复职，升知谏院、知制诰等职。同年，范仲淹担任参知政事，与韩琦、富弼等人推行"庆历新政"，欧阳修积极参与范仲淹主持的庆历新政。新政失败后，他上疏反对罢免范仲淹，被外放为滁州知州。在滁州，欧阳修建丰乐亭、醉翁亭，并以"醉翁"为号，写下了不朽名篇《醉翁亭记》。

数年后，他再度被召回朝，拜官翰林学士。嘉祐五年（1060），他升任枢密副使，次年拜参知政事。宋英宗即位后，他被卷入"濮议"之争，颇受非议。宋神宗即位后他力求辞位，出知亳、青、蔡三州。王安石变法时，欧阳修反对熙宁变法。熙宁四年（1071），他以太子少师致仕，翌年逝世，享年66岁。累赠太师、楚国公，谥号"文忠"，世称"欧阳文忠"。

欧阳修是北宋诗文革新运动的领袖，为文以韩愈为宗，反对浮靡的时文，以文章负一代盛名，名列"唐宋八大家"，对北宋文学的发展做出了巨大的贡献。苏轼称他"事业三朝之望，文章百世之师"。他曾主修《新唐书》《新五代史》，有《欧阳文忠公集》《六一词》等传世。

第七章　孝悌传家：中华优秀家风故事（四）

伦理道德在中国传统社会一直占据着特殊的地位，在社会生活和政治生活中有着无形但却强大的影响，在维系社会秩序方面是一种比法律更为有效的手段。人们往往着重考虑如何在错综复杂的人际关系中履行好自己的道德义务。其中，孝和悌是传统伦理中极为最重要的两个纲目。

《说文解字·老部》："孝，善事父母者。从老省，从子，子承老也。"意思是说，孝就是尽心尽力侍奉父母、对父母好的行为。汉代"以孝治天下"，汉代以后，"孝"被看作"天之经也，地之义也，人之行也"和"德之本也"，被认为是一切道德的根本、核心和起点，一个人孝与否，是衡量这个人有德无德的根本尺度。学者们不仅为"孝"专门著述作经——《孝经》，而且把历代行孝故事集结成《二十四孝》——孝感动天、戏彩娱亲、鹿乳奉亲、百里负米、啮指痛心、芦衣顺母、亲尝汤药、拾葚异器、埋儿奉母、卖身葬父、刻木事亲、涌泉跃鲤、怀橘遗亲、扇枕温衾、行佣供母、闻雷泣墓、哭竹生笋、卧冰求鲤、扼虎救父、恣蚊饱血、尝粪忧心、乳姑不怠、涤亲溺器、弃官寻母。这在传统伦理规范中是唯一的。

传统孝道的内容十分宽泛，概括说来，可以分为肉体和精神两大方面。肉体方面有三点。第一，慎重地保护好自己的身体。《孝经·开宗明义》："身体发肤，受之父母，不敢毁伤，孝之始也。"儒家认为，自己的身体是父母留在这个世界上的血脉，承担着传承血脉的重任。所以，要慎重地保护自己的身体，不能使它受到毁坏和伤害。第二，养父母之体，让父母吃饱穿暖。第三，传宗接代。"父母生之，续莫大也。""不孝有三，无后为大。"传统观念认为，家庭的功能首推延续男子宗系，完不成这一重任，便是最大的不孝。精神方面也有三点。第一，养志。要从细微之处体察父母的感情，顺随父母的意愿。第二，葬祭以礼。父母死后要按照礼的要求安葬父母，祭祀父母，使父母在子孙的祭祀思慕中得以不朽。第三，扬名显亲。《孝经·开宗明义》："立身行道，扬名于后世，以显父母，孝之终也。"古人认为，孝有大小，服劳奉养只是小孝，扬名显亲才是大孝。创一番功德业绩，让父母跟着尊贵荣耀，这是最大的孝行。

一、单衣顺母：母在一子寒，母去三子单

闵子骞，名损，春秋时期鲁国人，生于鲁昭公六年（前536），卒于鲁哀公八年（前487），比孔子小15岁。闵子骞以孝闻名，被列入"二十四孝"。孔子称赞他："孝哉闵子骞！人不间于其父母昆弟之言。"① 意思是说：闵子骞真是个孝子，别人对于他爹娘兄弟称赞他的言语并无异议。

闵子骞家境贫寒，而且很小的时候母亲就不幸过世了。因家境所迫，闵子骞很小就跟随父亲从事体力劳动，过着贫困的

---

① 《论语·先进》。

生活。后来，他成为孔子的学生，以德行著称，孔子评价弟子时说："德行：颜渊，闵子骞，冉伯牛，仲弓。"①闵子骞为人寡言稳重，一旦开口，讲的一定十分中肯。孔子评价说："夫人不言，言必有中。"②

闵子骞终生不愿出任官职，直到50岁时去世。孔子仕鲁期间，季氏欲聘闵子骞出任费邑宰，闵子骞婉拒说："善为我辞焉！如有复我者，则吾必在汶上矣。"意思是说：请替我婉言谢绝了吧！如果再请我的话，我必定会躲避在汶水之北。《史记·仲尼弟子列传》说闵子骞是"不仕大夫，不食污君之禄"。

闵子骞"单衣顺母"的故事几乎家喻户晓。大致情节是，闵子骞的母亲去世后，父亲又娶了后妻。闵子骞的继母连续生了两个儿子，后母对自己的亲生儿子疼爱有加，对闵子骞却十分苛刻。严冬时节，后母给自己亲生的两个孩子穿着棉花做的棉衣，给闵子骞做的却是以芦花充填的棉衣，表面上看着很厚，其实一点也不挡寒。在数九寒天，寒风刺骨，闵子骞经常被冻得四肢僵硬、脸色发紫。即便如此，闵子骞对继母也没有一点怨言，他也未把这件事告诉父亲，以免影响父母之间的关系。

在一个严寒的冬天，闵子骞的父亲要外出办事，让闵子骞在前面驾车。冰天雪地，天寒地冻，闵子骞身上用芦苇做的衣服根本抵挡不住冬天的严寒。一阵寒风吹过，闵子骞的身体不由自主地抖动起来，加之双手已被冻僵，实在难以抓紧驾车的缰绳，以致驾车的鞍辔掉了下来，引起马车的颠簸

---

① 《论语·先进》。
② 《论语·先进》。

震动。

坐在车子上的父亲正闭目休息，突然被车子的颠簸惊醒，很是生气，认为闵子骞没有认真驾车，所以才会出现颠簸。他正在气头上，随手拿起驾车的鞭子，抽在闵子骞的棉衣上。棉衣破了一个口子，漏出的不是棉花，而是

闵子骞衣芦御车（[民国]蔡振绅《八德须知》）

芦花。父亲这才明白，原来妻子给闵子骞做的"棉衣"里没有一丝棉花，全都是芦絮。在寒冬让孩子挨冻，是自己没有尽到做父亲的责任，是自己冤枉了闵子骞。父亲对此事十分恼怒，决定把妻子休掉。闵子骞见父亲要休掉继母，扑通一声跪在父亲面前，含泪抱着父亲说："母在一子寒，母去三子单。"意思是说：如果母亲在，只有我一个儿子寒冷，如果母亲不在了，家里的三个孩子都会失去母爱而受冻挨饿。闵子骞的这番话使父亲有所感悟，不再坚持休妻。后母也深受感动，对自己的行为感到羞悔，后来对待闵子骞像对待亲儿子一样。

闵子骞孝亲，受到后人的尊崇。唐开元八年（720）诏为"十哲"之一，配享孔庙；开元二十七年（739），追封为"费侯"；宋大中祥符二年（1009），追封为"琅玡公"；南宋咸淳

三年（1267），又改封为"费公"；明嘉靖九年（1530），改称为"先贤闵子"。

元代郭居敬辑《二十四孝》，把闵子骞的故事收入其中，题为《单衣顺母》。文曰："闵损，字子骞，早丧母。父娶后母，生二子，衣以棉絮；妒损，衣以芦花。父令损御车，体寒，失纼。父查知故，欲出后母。损曰：'母在一子寒，母去三子单。'母闻，悔改。"明朝编绘的《二十四孝图》，以《鞭打芦花》为题，把闵子骞孝亲的故事生动形象地表现出来。

在今山东济南百花公园西邻有闵子骞墓，该坟墓高约3米，封土直径约5米，呈圆形，四周有多尊石羊、石马、石狮、石龟等石像。北宋齐州太守李肃之在墓前建祠祭祀，由苏辙撰文、苏轼书写《齐州闵子祠记》的石碑，叙述了修建祠堂的经过。至明代，由历城人刘敕发起，捐资重修了闵子骞墓和闵子骞祠，

闵子骞墓（山东济南）

并在殿后修建了东西厢房和"芦花馆"。今墓园西侧的南北向道路被命名为闵子骞路。

河南范县也有闵子墓,因墓地濒临黄河,时被冲毁,范县历代官吏、儒生曾多次捐资修整。《范县志》载:"明万历三十六年(1608),县令陈奎初曾出资修墓建祠。清嘉庆十四年(1809)县令唐晟秀修墓祠,墓旁植翠柏,山东督粮道孙星衍撰《重修闵子墓》碑文。"

二、汉文尝药:贵为天子,躬尽子职

汉文帝刘恒(前203—前157),西汉开国皇帝刘邦的第四子,母亲为薄姬。汉文帝在位24年,重德治,兴礼仪,励精图治、宽仁节俭、爱民重农。他在位期间,社会稳定,人口增长,经济得到恢复和发展,与汉景帝时期合称"文景之治"。

汉文帝的母亲薄姬,原为秦末魏王魏豹的小妾。楚汉之争初期,魏豹附汉后又叛汉,战败被汉将韩信、曹参所俘,后被汉将周苛所杀。因此,薄姬成了俘虏,被送入织室织布。刘邦见她有些姿色,就纳入后宫,但一年多未有宠幸。汉高祖四年(前203)初的一天,刘邦在

汉文帝像

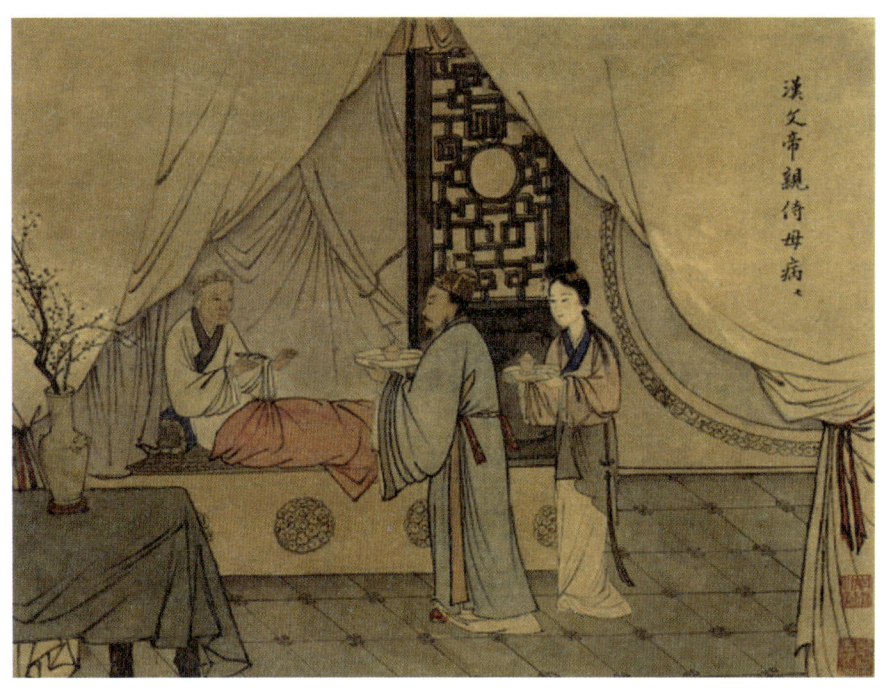

汉文帝亲侍母病（［清］王素《二十四孝图》）

河南宫内成皋台上闲坐，听见两位宫女议论薄姬的事情。汉高祖听后，内心感伤，怜悯薄姬，当天就召幸薄姬。不久，薄姬就有了身孕，在这年年底生下儿子刘恒。自薄姬生下儿子刘恒以后，就很少有机会再见到刘邦了。

汉高祖十一年（前196），8岁的刘恒被封为代王，都晋阳（今山西太原），其后刘恒跟母亲在封地居住，并没有在长安与父亲刘邦生活在一起，两人很少有机会见到刘邦。刘恒就藩代地十五年，劝课农桑，休养生息，代地的社会秩序稳定有序。

刘邦逝世后，吕后控制政权，刘邦的其他儿子大多被杀。刘恒因为僻居远方，且谦恭谨慎，看起来没有竞争皇位的可能，便没有遭到吕氏的迫害，侥幸活了下来。吕太后死后，丞相陈

平、太尉周勃，以及齐王刘襄、朱虚侯刘章携手诛灭了吕氏势力。在商议由谁来继承皇位时，大臣一致认为吕后所立的小皇帝刘弘不是汉惠帝的后代，不符合皇位继承的法统，经过一番商议评估，认为宽厚仁慈、名声较好的代王刘恒可堪大任。于是，他们派使者去晋阳接刘恒到长安继承皇位，是为汉文帝。

汉文尝药（[民国]蔡振绅《八德须知》）

汉文帝称帝后，母亲被称为薄太后。汉文帝在与母亲一起生活的日子里，谨小慎微，以仁孝之名闻于天下，特别是"汉文尝药"的故事广泛流传。

薄太后曾经生病长达三年之久，她贵为太后，身边有许多服侍的人员，可以把她照顾得很好。汉文帝身为皇帝，需要处理的国家大事很多，但他依然躬尽子职，日夜服侍在母亲身边，殷勤照顾。他夜晚睡觉，都不敢解开衣带，唯恐母亲需要照顾时不能及时出现，所煎服的汤药也要亲自尝过后才送到母亲面前，真正做到了尽心事亲。

汉文帝时期，执行"与民休息"的政策，重视农业，劝课农桑，减轻田租、赋役和刑狱；取消过关用传（符证）制度，方便行旅往来和商品流通，并弛山泽之禁，促进盐铁业发展。又采纳贾谊、晁错等人"众建诸侯而少其力"的建议，削弱了诸侯王的势力，巩固了中央集权。后元七年（前157）六月，刘恒死于未央宫，享年47岁，葬于霸陵。

司马迁在《史记》中评价汉文帝："文帝时，会天下新去汤火，人民乐业，因其欲然，能不扰乱，故百姓遂安。自年六七十翁亦未尝至市井，游敖嬉戏如小儿状。孔子所称'有德君子'者邪！"①

三、江革负母：造次颠沛，尽其心力

江革负母，也称"行佣供母"，是"二十四孝"故事之一，讲述了孝子江革负母逃难并侍奉母亲的感人事迹。

故事原文："汉江革，字次翁。少失父，独与母居。遭世乱，负母逃难。数遇贼，欲劫去。革辄泣告有老母在，贼不忍杀。转客下邳，贫穷裸跣，行佣以供母。凡母便身之物，未尝稍缺。母终，哀泣庐墓，寝不除服。后举孝廉，

江革负母（[明] 仇英《二十四孝图》）

---

① 《史记·律书》。

迁谏议大夫。"

《后汉书》卷三十九《江革传》记载，江革，字次翁，齐国临淄人。他年少失父，独自与母亲居住在一起，母子两人相依为命。当时，王莽篡位，社会矛盾激化，战乱不断，盗贼四起。为了避乱，江革只好带着母亲弃家外出逃难。由于家贫无车，只好背着母亲行进。

江革母亲年迈，腿脚又不方便，为了尽量减少母亲受颠沛流离之苦，江革整天背着母亲奔波。俗话说："在家千日好，出门一时难。"江革背着母亲，长途跋涉，风餐露宿，还要躲避盗贼，一路上非常辛苦。

逃难的路上，母亲渴了，江革就停下来讨水给母亲喝；母亲饿了，他竭尽所能为母亲准备可口的食物；天色将晚，他想方设法找住处，使母亲能踏实地安歇。在仓皇逃难的过程中，江革念的是母亲的安全，全然忘记了自己的饥饿和疲劳。沿途路人说起江革的孝行，肃然起敬，但也有少数人对他不理解，因为在这样艰难的境况中，一个人连逃生都很难，更何况背负着白发苍苍的老母。但无论是称赞还是讥讽，江革都淡然处之，在他看来，一个人活在世上的头等大事就是孝顺父母，别人的评价都无足轻重，不用放在心上。

逃难路上，母子二人艰险备尝，多次遇到盗贼，甚至有几次盗贼想把江革抓去入伙。这种情形下，江革便会在盗贼面前苦苦的哀求，痛哭流涕。他对盗贼讲："我从小失去了父亲，孤苦伶仃，是母亲茹苦含辛，把我拉扯成人。如果没有母亲，哪会有今日的我？如果我随你们去了，留下孤零零的老母亲，

浮雕砖刻《江革负母》

如今兵荒马乱，母亲举目无亲，如何保全生命，如何度过余生？恳请你们念我有老母无人奉养，放过我们！"盗贼被江革的孝心所感动，只好把他放走。乱世行孝，在颠沛流离的日子里，在兵荒马乱与艰难险阻中，江革对母亲不离不弃，始终如一，克尽生为人子的孝道，尤其让人敬佩。

东汉初年，社会恢复安定之后，贫穷的江革母子在举目无亲的异乡，衣不蔽体，足不挂履。江革穷得连一双鞋也买不起，经常光着脚出去为别人当佣工，赚取微薄的收入来维持生活。他省吃俭用，尽最大的努力供应给母亲生活用品，包括用的、吃的、穿的，他尽其所能让母亲满足，诚所谓："用天之道，

江革行佣供母（[清]王素《二十四孝图》）

分地之利，谨身节用，以养父母。"①

汉代建武末年，江革与母同归故里。按照当时的制度规定，百姓每年都必须到县衙"案比"，即每个人都要亲自到县衙对照官府登录的画像，以核实户籍。江革的母亲年老，自己不能走着去，江革想雇车拉着母亲前去，但又怕牛车颠簸，母亲身体受不了，于是江革自己拉着车子送母亲去县衙"案比"。一路上，他缓步而行，车子非常平稳，母亲坐在车上也非常舒服。乡邻见江革如此孝敬母亲，便称他为"江巨孝"。

母亲去世后，江革哀伤至极，他在庐墓之中大声地哭泣。他在母亲坟旁结茅庐居住，守孝三年，晚上睡觉也不愿把孝服

① 《孝经·庶人章》。

除去。三年服丧期满，他还不忍脱去孝服，当地地方官得悉后非常感动，派人去安慰他，并举荐他做了孝廉。

汉章帝建初初年，太尉牟融推举江革为贤良方正。他后来又做了司空长史、五官中郎将等职。汉章帝十分赞赏他的孝行，考虑到江革年龄大，每次上朝都派贴身侍卫去搀扶他。江革生病，汉章帝也常常派太监带着良药和美食去看望他。当时京城贵戚对江革也十分敬仰，经常带着精美的礼品前去拜会江革，但每次都被江革拒之门外。后来江革上书请求辞官归乡，汉章帝特地赐给了他"谏议大夫"的职位，准许他返回故乡。汉元和年间，汉章帝非常挂念已经退休的江革，发诏书给临淄的地方官，询问江革的生活情况，并说"夫孝，百行之冠，众善之始也"，指示官吏常去探望他，"及卒，诏复赐谷千斛"。

四、杨香扼虎：唯义能勇，诚孝格天

《二十四孝》中，讲述孩童孝顺父母故事的有八个，占了三分之一，如闵子骞、蔡顺、陆绩、黄香、吴猛、王祥、孟宗、杨香，八人之中，七人为男童，只有杨香是一名女童。女童杨香因扼虎救父而表现出的大无畏精神，让古人赞叹，也让今人感念。

《扼虎救父》是"二十四孝"故事之一。故事原文："晋杨香，年十四，随父丰往田中获粟，父为虎曳去。时香手无寸铁，惟知有父，而不知有身。踊跃向前，扼持虎颈，虎磨牙而逝。父因得免于害。赞曰：深山逢白额，努力搏腥风。父子俱无恙，脱离馋口中。"

杨香，晋朝顺阳（今河南淅川县东南）人。杨香很小的时候，母亲就去世了，父亲杨丰含辛茹苦把她拉扯成人。她知道父亲既当爹又当娘，吃了很多苦头，抚养自己不容易，因此对父亲非常孝顺，可以说是关心备至，体贴入微。

14岁那年，杨香随同父亲杨丰去田里割谷子，突然窜出一头猛虎扑向杨丰，一口将他叼住并想拖走。手无寸铁但救父心切的杨香，忘了自己与老虎力量悬殊，完全置个人生死安危于不顾，猛地跳上前去，用力卡住老虎的头颈。任凭老虎怎么挣扎，她的一双小手始终像一把钳子，紧紧掐住老虎的咽喉不放。老虎因喉咙被卡，无法呼吸，瘫倒在地上，父亲最终得以幸免于难。

南朝刘宋时期刘敬叔编撰的《异苑》中也有大致相同的记

杨香扼虎救父（［清］王素《二十四孝图》）

载："顺阳南乡县杨丰与息女香于田获粟，父为虎噬，香年甫十四，手无寸刀，乃扼虎领，丰因获免。香以诚孝致感，猛兽为之逡巡。太守平昌孟肇之赐资谷，旌其门闾焉。"两者差别在于，《异苑》中杨香扼住老虎喉咙，迫使老虎松开了咬住其父的血盆大口而狼狈逃去。

杨香扼虎（［民国］蔡振绅《八德须知》）

一个女孩徒手搏虎，并从虎口中救出了自己的父亲，其孝心和勇气的确令人赞叹。

杨香的父亲被老虎叼去，摆在她面前的只有两条路：一条是不管父亲，自己拔腿逃命；另一条就是赤手空拳与老虎搏斗。对于年仅14岁的小女孩来说，选择后者显然不自量力，甚至可以说几乎没有生还的希望。但杨香不仅勇敢地扑向猛虎，还不可思议地将老虎制服。这个故事表明：第一，孝道源自每个人的心底和心灵深处，是一种与父母同心同德、同生共死的情感；第二，孝道不分男女，孝行不分长幼；第三，爱是发自内心的力量，至孝催发胆识和力量是无穷的，是不可想象的；第四，初生牛犊不怕虎，年轻人的浩然勇气是社会发展和奇迹创造的重要源泉，保护、提倡、鼓励青年人的大无畏精神，是全社会的应有之责。

杨香扼虎救父的故事不仅感动了当时的人，而且感动了后人，今河南沁阳市崇义镇有两个以杨香命名的村子：前杨香村、后杨香村。两个村子的西北有一座古墓，当地人称之为"杨香墓"，1948年版的《沁阳县志》记载："晋孝女杨香墓在城西南杨香村。"历代都有人来此祭奠。赞曰："虎衔父去真危急，女与虎斗不顾身，顷刻之间能解脱，奇闻奇事最惊人。""扼持虎颈不知身，虎口夺父显孝心。救急幸得俱脱困，父贤子孝一家亲。"

《后汉书·列女传》和《二十四孝别录》里讲述了另一位14岁孝女的故事，主人公的名字叫曹娥。曹娥的父亲曹盱是一名巫祝，能奏乐按歌祭祀神灵。东汉汉安二年（143）五月五日，曹盱在溯江而上迎神时，不幸为江水所淹没，一直找不到尸体。14岁的曹娥沿江寻找，呼号哭泣，鞋子被砂石磨烂了，衣服也被树枝刮烂了。情急之下，她将衣服扔到江中，并向江神祝祷："衣服沉下之处，但愿是父之尸体所在之处！"她沿江奔波七天，最后衣服下沉了，曹娥毫不犹豫地投江寻父。又经过五天时间，江上出现了奇怪的情景，女儿扶着父亲的尸体浮出了水面，其父气色如生。后人为她立庙，并称此江为"曹娥江"。

五、李密陈情：尽节于君之日长，报养祖母之日短

李密（224—287），一名虔，字令伯，西晋时期著名大臣、文学家，犍为郡武阳县（今四川省眉山市彭山区）人。

　　李密的祖父李光曾任朱提太守，但李密从小境遇不佳，出生6个月父亲就去世了，4岁时母亲何氏改嫁，由祖母刘氏抚养成人。

　　李密的祖母刘氏是非常坚强的女性，对李密的成长和教育起到了至关重要的作用。尽管家境艰苦，但她仍然尽心尽力地抚养李密长大成人，不仅在物质生活上给予李密关怀，而且在精神上给予他巨大的鼓舞。为了确保李密能够接受良好的教育，成长为一个有道德、有学识的人，刘氏倾尽了毕生的心血。

　　李密感恩祖母的抚育，对祖母十分恭敬和孝顺。

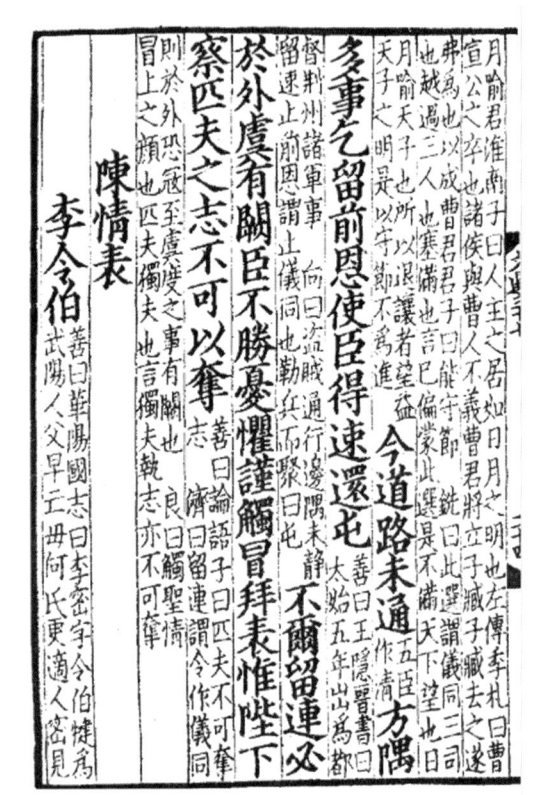

　　李密少时好学，拜师于蜀中名士谯周，博览五经，尤精《春秋左氏传》。《华阳国志》卷十一《后贤志》载："（李密）治春秋左传，博览五经，多所通涉，机警辩捷，辞义响起。"《晋书·李密传》载："有暇则讲学忘疲，而师事谯

《陈情表》书影

周,周门人方之游夏。"谯周的门人把他比作孔子的学生子游和子夏,说明李密机智敏锐,文采斐然。李密年轻时,曾先后任蜀汉益州从事、尚书郎等职。李密才思敏捷,能言善辩,曾出使吴国,《华阳国志》卷十一《后贤志》:"奉使聘吴,吴主问蜀马多少,对曰:'官用有余,民间自足矣。'吴主与群臣泛论道义,谓'宁为人弟',密曰:'愿为人兄。'……吴主及群臣称善。"李密受到吴国君臣的称赞。

三国魏景元四年(263),魏将钟会、邓艾攻伐蜀国,蜀将姜维退守剑阁,以险道为屏障,与钟会对峙。魏军被阻于剑门阁外,一时难以进军。邓艾采取以迂为直的战术,在钟会与蜀军在剑门阁外相持之际,率部到达蜀国腹地,击破蜀军。蜀主刘禅在邓艾兵临城下的情况下,接受谯周的劝说,向邓艾投降,蜀汉灭亡。

蜀国灭亡后,李密隐居乡里,累举不应。征西将军邓艾听闻李密的名声,征召他担任主簿。为了奉养祖母,李密拒绝应职。"以祖母年老,心在色养,拒州郡之命,独讲学,立旌授生。"[①] 晋武帝泰始三年(267),司马炎册立司马衷为太子,下诏任命李密担任太子洗马。因为祖母年迈,没有人侍奉赡养,李密再次拒绝应职。诏书下达后,郡县接连催促,李密只好写下《陈情表》,陈述自己不赴任的苦衷。《陈情表》全文如下:

臣密言:臣以险衅,夙遭闵凶。生孩六月,慈父见背;行年四岁,舅夺母志。祖母刘愍臣孤弱,躬亲抚养。臣少多疾病,九岁不行,零丁孤苦,至于成立。既无伯叔,终

[①] 《华阳国志·后贤志》。

李密故里（四川眉山）

鲜兄弟，门衰祚薄，晚有儿息。外无期功强近之亲，内无应门五尺之僮，茕茕孑立，形影相吊。而刘夙婴疾病，常在床蓐，臣侍汤药，未曾废离。

逮奉圣朝，沐浴清化。前太守臣逵，察臣孝廉；后刺史臣荣，举臣秀才。臣以供养无主，辞不赴命。诏书特下，拜臣郎中，寻蒙国恩，除臣洗马。猥以微贱，当侍东宫，非臣陨首所能上报。臣具以表闻，辞不就职。诏书切峻，责臣逋慢；郡县逼迫，催臣上道；州司临门，急于星火。臣欲奉诏奔驰，则刘病日笃，欲苟顺私情，则告诉不许。臣之进退，实为狼狈。

伏惟圣朝以孝治天下，凡在故老，犹蒙矜育，况臣孤苦，特为尤甚。且臣少仕伪朝，历职郎署，本图宦达，不矜名节。今臣亡国贱俘，至微至陋，过蒙拔擢，宠命优渥，岂敢盘桓，有所希冀。但以刘日薄西山，气息奄奄，人命危浅，朝不虑夕。臣无祖母，无以至今日；祖母无臣，无以终余年。母孙二人，更相为命，是以区区不能废远。

臣密今年四十有四，祖母今年九十有六，是臣尽节于陛下之日长，报养刘之日短也。乌鸟私情，愿乞终养。臣之辛苦，非独蜀之人士及二州牧伯所见明知，皇天后土，实所共鉴。愿陛下矜悯愚诚，听臣微志，庶刘侥幸，保卒余年。臣生当陨首，死当结草。臣不胜犬马怖惧之情，谨拜表以闻。

晋武帝看了李密的表章，由衷地赞叹道："士之有名，不虚然哉！"[1] 晋武帝还特"赐奴婢二人并令郡县供应其祖母膳食"。

刘氏晚年，病魔缠身，李密端饭端药，日夜近身侍候，甚至夜里都不敢脱衣，祖母的饭菜和汤药，都是他尝过之后才放心让祖母服用。祖母去世三年，服丧期满后，李密才应晋武帝征召，到洛阳出任了太子洗马一职。后任尚书郎，出为河内温县令，官至汉中太守。太康八年（287），遭弹劾免官，卒于家中，享年64岁。

李密词采斐然，以文学见长。他写的《陈情表》，文采绚丽，言辞恳切，真情感人，是中国文学史上抒情文的代表作之一，将"孝"渲染出一种伟大的精神力量。短短五百余字，不仅表现出李密与祖母之间深厚而特殊的祖孙之情，而且将家与

---

[1] 《晋书·李密传》。

涤亲溺器砖雕

国、忠与孝两难全的难题展现给世人，难怪古有"读诸葛亮《出师表》不流泪者不忠，读李密《陈情表》不流泪者不孝"的说法。

六、庭坚涤秽：不以官职之显，失其子职之常

庭坚涤秽，也称"涤亲溺器"，是"二十四孝"故事之一，讲述的是宋代文学家黄庭坚的孝行。故事原文："宋黄庭坚，字鲁直，号山谷。元祐中为太史。性至孝，身虽贵显，奉母尽诚。每夕为亲涤溺器，无一刻不供子职。赞曰：贵显闻天下，平生孝事亲。亲身涤溺器，不用婢妾人。"

黄庭坚（1045—1105），字鲁直，自号山谷道人，北宋洪

州分宁（今江西修水）人。宋代著名诗人、词人、书法家，"苏门四学士"之首，"江西诗派"的开山之祖。

宋英宗治平四年（1067），黄庭坚中进士，出任汝州叶县（今属河南省平顶山）县尉。宋哲宗元丰三年（1080），迁太和（今江西泰和）知县。元丰八年（1085），为承议郎，参校《资治通鉴》，主编《神宗实录》。宋元祐八年（1093），晋职为秘书丞兼国史编修官。绍圣初年，知宣州（今安徽宣城）、鄂州（今湖北武汉）。因"乌台诗案"，被章惇、蔡卞所劾，遭谪，贬为涪州（今重庆涪陵）别驾，安置于黔州（今重庆彭水）。徽宗崇宁元年（1102），知太平州知州。崇宁二年（1103），再被消官，羁于宜州（今广西河池宜州区）。崇宁四年（1105）九月，黄庭坚离世，享年61岁。

修水黄氏，诗书世家，名士辈出，黄庭坚中进士之前，已有22位进士。黄庭坚自幼聪颖好学，记忆力超人，5岁读《春秋》，十日成诵。6岁作牧童诗："骑牛远远过前村，吹笛风斜隔岸闻，多少长安名利客，机关用尽不如君。"7岁作诗送人赴举："万里云程着祖鞭，送君归去玉阶前，若问旧时黄庭坚，谪在人间今八年。"他从小就表现出超出常人天赋。

黄庭坚的父亲黄庶曾任康州太守，母亲李氏是龙图阁学士李常的姐姐，识文断字，能诗善词。由于是大家闺秀，黄庭坚的母亲特别讲卫生。当时的住房没有今天的卫生间，人们为了夜里方便如厕，通常都准备一个应急的便桶。因此，每天倾倒并清洗母亲所用的马桶就成了黄庭坚重要的生活内容，数十年如一日，从不间断。任职京师期间，尽管当时仆从甚多，身为秘书丞兼国史编修官，跻身朝中显贵的黄庭坚，依然"奉母尽诚，每夕为亲涤溺器，未一刻不供子职"，从不懈怠。

当时也有人不理解，问他："您身为高贵的朝廷命官，又有那么多的仆人，为

庭坚涤秽（[民国]蔡振绅《八德须知》）

什么非要亲自做刷洗母亲便桶这种细微杂小而卑贱的家务呢？"黄庭坚却摇摇头，说："孝顺父母是为人子女应该做的事，是感恩父母的天性流露，也是一个人的本分，跟身份地位贵贱没有任何关系……"在母亲病重的一年多时间里，黄庭坚一忙完公务就回家侍奉母亲，很好地履行了"为人子、为人臣"的本分和职责，成为京城百官和百姓交口称赞的孝子忠臣。母亲去世后，黄庭坚筑"永思堂"于墓旁守孝，由于哀伤成疾，甚至险些丧命。

黄庭坚不仅孝顺父母，还言传身教，非常重视对儿孙的培养和教育。他40岁得子，对儿子黄相寄予厚望，他亲自教儿子读书练字，亲作《黄子家训书》（亦称《黄庭坚家训书》），对9岁的儿子进行书面教诲。他要求儿子"四无齐家"：无你我之辩，

无多寡之嫌，无以小财为争，无以小事为仇。"四无修身"：无思贪之欲，无横费之财，无以猜忌为心，无以有无为怀。黄庭坚经常勉励子侄刻苦读书："一日不读书，尘生其中；两日不读书，言语乏味；三日不读书，面目可憎"，"常思天下无双祖，得读人间未见书"，"藏书万卷可教子，遗金满籯常作灾"[1]。

黄庭坚"涤亲溺器"，是对"孝"的真实注解。《孝经》有言："孝子之事，亲也，居则致其敬，养则致其乐，病则致其忧，丧则致其哀，祭则致其严。"作为儿子，偶尔为父母洗涤溺器，不足为奇，但作为朝廷命官，能够年复一年坚持为母亲洗涤溺器，是大多数人做不到的。所以苏轼赞颂黄庭坚："瑰伟之文，妙绝当世；孝友之行，追配古人。"[2]

随着客观物质环境的发展变化，今天的人们往往因为所谓的"繁忙"而过多依赖自己所拥有的外在物质条件，逐渐忘记自己为人子女应尽的本分，甚至将尽孝以雇佣的方式找人"代理"，这是对中华民族传统孝道的极大歪曲。常言道："百善孝为先，论心不论迹，论迹穷人无令子；万恶淫为首，论迹不论心，论心千古无完人。"我们必须讲清楚：第一，孝顺父母关键在"心"，关键在时时陪伴、细心照顾等日常琐事，关键在时刻把父母装在心里；第二，孝顺父母没有尊卑之别，没有贵贱之分，不在于花言巧语，而必须是亲力亲为的实际行动。假如仅把对父母说什么和供给父母多少衣食、钱财当作尽孝的方式，那天下的穷人就难成孝子了！

---

[1]《题胡逸老致虚庵》。
[2]《宋史·黄庭坚传》。

第八章　齐风鲁韵：齐鲁文化中的家风家训

　　家风家训是齐鲁文化的重要内容，在文化传播和传承过程中发挥了不可替代的作用。通观齐鲁文化世家中的家风家训，有两点非常典型。一是重视教育和家学传承。文化世家往往是书香世家，良好的家风往往和家学紧密相连。如曲阜孔氏家族，以"诗礼庭训"和《祖训箴规》中的"读书明理"劝导族人读书。明清以来，孔氏家族几乎每位衍圣公皆有诗文集。邹城孟氏家族《家规二十条》中就有"尊师""劝学"两条。琅玡王氏家族将"读万卷书"作为家训内容之一，这才有了王氏家族七世爵位蝉联，文才相继，人人有集的辉煌。嘉祥曾氏家族讲读书明理、尊师重教；安丘曹氏将子弟七岁从学、加强对族中子弟学业的考查列入族规。二是重视优秀道德品质的养成。道德是修身之基，人伦之本。齐鲁文化世家在道德修养上落实儒家的核心价值观，并劝诫族中子弟践行之。曲阜孔氏家族《祖训箴规》强调"崇儒重道、好礼尚德"；邹城孟氏家族《家规二十条》的"孝亲、存心、立品、崇俭"等皆是对个人修养提出的要求；琅玡王氏《训子孙遗令》认为"信、德、孝、悌、让"为立身的根本；嘉祥曾氏家族以孝悌为善德美行之本；安丘曹氏《宗说》从孝父母、敬兄弟、信朋友等几个方面培养曹氏子弟的仁厚之风。

一、曲阜孔氏《祖训箴规》

曲阜孔氏家族素有"天下第一家"的美誉，其起源可以追溯到孔子。孔子作为儒家学派的创始人，创立儒家学说，兴办私学，在民间普及文化教育，还给子孙留下了学诗学礼的家风祖训。《论语·季氏》记孔子在庭，其子伯鱼趋而过之，孔子教导儿子"不学诗，无以言"，"不学礼，无以立"。自此，"学诗学礼"便成了孔氏家族的家风根基，被历代孔氏后裔所传承和发扬。曲阜孔氏家族后世人才辈出，涌现出子思、孔穿、孔鲋、孔安国、孔霸、孔衍、孔颖达、孔文仲、孔毓圻、孔毓埏等一批优秀的代表人物。其中，第64代孙、衍圣公孔尚贤是其中一位典型代表，其主要贡献是主持制定了孔氏家族历史上第一部成文的族规——《祖训箴规》。

孔尚贤（1544—1621），字象之，号希庵，别号龙宇，孔

孔府晨曦

子第64世孙，袭封衍圣公（第19代）。袭爵之后，孔尚贤立志要"远不负祖训，上不负国恩，下不负所学"。明万历十一年（1583），孔尚贤为了规范族人言行，在学诗学礼和秉承先祖"克己复礼"精神的基础上，颁布了具有纲领性质的族规孔氏《祖训箴规》。其主要内容是：

一、春秋祭祀，各随土宜。必丰必洁，必诚必敬。此报本追远之道，子孙所当知者。

二、谱牒之设，正所以联同支而亲一本。务宜父慈子孝，兄友弟恭，雍睦一堂，方不愧为圣裔。

三、崇儒重道，好礼尚德，孔门素为佩服。为子孙者，勿嗜利忘义，出入衙门，有亏先德。

四、孔氏子孙，徙寓各府州县，朝廷追念圣裔，优免差徭，其正供国课，只凭族长催征，皇恩深为浩大。宜各踊跃输将，照限完纳，勿误有司奏销之期。

五、谱牒家规，正所以别外孔而亲一本，子孙勿得互相誊换，以混来历宗枝。

六、婚姻嫁娶，理伦首重。子孙间有不幸，再婚再嫁，必慎必戒。

七、子孙出仕者，凡遇民间词讼，所犯自有虚实，务从理断，而哀矜勿喜，庶不愧为良吏。

八、圣裔设立族长，给与衣顶，原以总理圣谱，约束族人，务要克己奉公，庶足以为族望。

九、孔氏嗣孙，男不得为奴，女不得为婢。凡有职官员，不可擅辱。如遇大事，申奏朝廷，小事仍请本家族长责究。

十、祖训宗规，朝夕教训子孙，务要读书明理，显亲扬名，勿得入于流俗，甘为人下。

孔氏《祖训箴规》共计10条，涵盖了孔氏各阶层族人为人处事的准则，可从以下几个方面概括其大意。

孔氏家族的族长要克己秉公，主持春秋祭祀，催征家族的法定赋税，全面管理家谱，以联同支而别外孔，还要约束族人。

出仕做官的子孙要做清官良吏。遇到民间诉讼的时候，务必弄清案件的实际情况，遵从事件原委审理判决，对落难者表示同情，不要幸灾乐祸。

族人要重视个人修养，崇儒重道，好礼尚德，重伦理，切勿嗜利忘义。家庭是家族的组成因子，应父慈子孝，兄友弟恭，雍睦一堂，以不辱没孔子后裔的名声。

孔氏子孙后代，务必遵从祖训，学诗学礼，读书明理。以显亲扬名，不得入于流俗。孔氏裔孙，男不得为奴，女不得为婢。

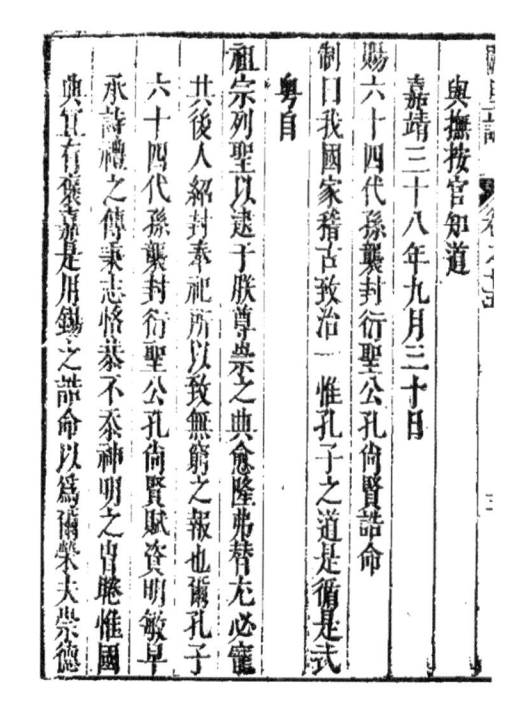

《赐六十四代孙袭封衍圣公孙尚贤诰命》（［明］陈镐《阙里志》）

孔氏《祖训箴规》塑造了族人儒雅温润的君子品质与崇德尚礼的精神风尚，促使孔氏家族在学术的道路上取得了不凡的成就。孔氏家族第65世孙孔胤植于明天启七年（1621）加太子太保；崇祯三年（1630）晋太子太傅；明崇祯十三年（1640），山东灾荒、瘟疫横行时，他出钱出物救济灾民，全活数千人；清顺治元年（1644）入朝，班列大学士之上。孔氏家族第66世孙孔毓珣，为官一任，造福一方。他任四川龙安知府期间，因俗而治，百姓安居乐业；升任湖广上荆南道，筑"孔公堤"捍江；任广西巡抚时，严保甲，平盗患，大政小事，各无凝滞。

孔氏《祖训箴规》承袭诗礼祖训，强调读书明理，对孔氏家族影响深远。清代曲阜孔氏家族出现了文化兴盛的现象，学术成绩辉煌。在经学方面有28人著述85种，史学方面有40人著述51种，子学方面有25人著述40种，文学方面有91人著述218种。[①] 如孔传铎（1673—1735），字振路，号牗民，袭封第23代衍圣公，经学大家，诗文成就亦很高。孔传铎精研三礼三传，有《春秋三传合纂》《礼记摘藻》《阙里盛典》等著述多种。诗文方面，孔传铎与其父亲第22代衍圣公孔毓圻，母亲叶粲英，叔叔孔毓埏，兄弟姐妹孔传铎、孔传鋕、孔传钜、孔丽贞以及族人孔尚任等结诗社唱和，孔传铎是其中极为活跃的代表人物。其诗文著作有《安怀堂文集》《绘心集》《申椒集》《盟鸥草》《炊香词》《红萼词》等。其子孔继汾是经学大家，著有《孔氏家仪》十四卷、《孔子世家谱》二十二卷、《阙里文

---

① 孔祥林：《曲阜孔氏家风》，人民出版社2015年版。

献考》一百卷、《勘仪纠谬集》三卷等。孔传铎孙孔广林和曾孙孔昭虔、孔昭杰皆穷心经学，经学成就卓著，又兼擅诗文。孔广林著有《延恩集》等，一生写诗3600多首，孔昭杰著诗文集《孤灯吟草》《拜经书屋文稿》等。明清时期，几乎每代衍圣公皆有诗文。据民国《孔子世家谱》记载，孔氏共有5000余人获得进士、举人、生员等。

二、邹城孟氏《家规二十条》

邹城孟氏家族源起于鲁国的孟孙氏（庆父），孟子是孟氏家族的代表人物。孟子，名轲，字子舆，孔子嫡孙子思的门人，战国时期儒家学派的代表人物之一，《孟子》一书反映了孟子的思想。他继承、发展、丰富了孔子的儒家学说，在政治上主张仁政，提出了"民贵君轻"的思想，反对兼并战争，提出了"性善论"思想。

孟子的地位在唐宋及以后不断被抬高，与孔子并称"孔孟"，到元代达到最高位置，被尊称为"亚圣"。随着唐宋以来孟子地位的不断升高，邹城孟氏家族也在朝廷的扶持下迅速发展起来。政治上，孟氏子孙"世袭翰林院五经博士"。自明景泰三年（1452）封孟子第56代孙孟希文"世袭翰林院五经博士"，至民国二十四年（1935）南京国民政府改封孟子第73代孙孟庆棠为"亚圣奉祀官"，"世袭翰林院五经博士"在孟子嫡孙中延续了18代。经济上，邹城孟氏家族享受国家优免赋役和赐赠田产、庙户、佃户、府第等优待。文化教育上，通过设置专门学校、赐田拨款、考试政策倾斜等加强孟氏家族子弟的教育。

邹城孟氏家族的家训源于孟母教子和孟子的思想。性善论是孟子整个思想学说体系的基础，在性善论的基础上，孟子形成了仁政思想。性善论、义利之辨、王霸之争、养气说都是孟子对儒家学说开拓性的理论创新。清雍正帝曾为孟府亲书"七篇贻矩"赠给孟子的第65代孙孟衍泰。"七篇"即《孟子》的七篇，即《梁惠王》《公孙丑》《滕文公》《离娄》《万章》《告子》《尽心》，"贻矩"指孟子留给孟氏家族的规矩。皇帝意欲告诫孟氏后裔继承孟子思想，要用"《孟子》七篇"作为言行的准则和行动的规矩。"《孟子》七篇"是孟氏家族家规家训的本源。

邹城孟氏家族家规于总谱无载，在支谱中却多有保留。如：《孟子世家流寓湖南支谱》收录的《家规二十条》，《孟

"七篇贻矩"匾

子世家流寓山东沂水之谱》中的族训十六条（孝悌、忠信、读书、务农、忍让、勤俭、善行、本分、戒奢华、戒赌博、戒淫荡、戒酗酒、戒种坟间隙地、戒茔间牧牛羊、戒健讼、戒戏谑）、浙江诸暨孟氏家族家训（合天人、养正气，励忠孝、严教育，敦亲睦、和闾里，要耕读为传家之本，要仁义为修身之法，要勤俭为资身之策，要孝悌为立身之务，要谦厚为处世之道，要慎守为处事之基）等，都将孟氏家族的家规家训具象地展现出来。其中，尤以光绪三十二年（1906）《孟子世家流寓湖南支谱》收录的《家规二十条》最为全面和典型。《家规二十条》中的每条家训，基本按照先用名言警句开其先，再正面解读意思，然后反向阐述后果，最后以"亚圣祖曰"（"妇道"一条用"启圣母曰"）结尾的格式。限于篇幅，现将第一条全文摘录，之后诸条择要摘录如下：

孝亲

父母之德，昊天罔极。子当襁褓未离，饥则为之哺，寒则为之衣，行动则跬步不离，疾病则寝食皆废。至于成立，授家室，谋生理，百计经营，心力俱瘁。为子者，自当谨身节用，以隆孝养。奈何好货财，私妻子，博弈饮酒，好勇斗狠，只图一己之欢，不顾父母之养。大本不立，百行俱败矣。亚圣祖曰：孰不为事？事亲，事之本也。

弟长

凡今之人，莫如兄弟。兄固当念鞠哀以友于弟，弟尤当念天显以恭厥兄。……亚圣祖曰：徐行后长者谓之弟，疾行先长者谓之不弟。夫徐行者，岂人所不能哉？所不为也。

睦族

伯叔兄弟，虽有亲疏，原从一本而分，自当喜相庆而难相恤，情相告而色相和。……亚圣祖曰：不藏怒焉，不宿怨焉，亲爱之而已矣。

和邻

邻有丧，舂不相；里有殡，巷不歌。洽比之谊，礼训昭然。凡在乡党，必归于和睦。……亚圣祖曰：出入相友，守望相助，疾病相扶持，则百姓亲睦。

劝学

业精于勤荒于嬉，行成于思毁于随。虽有至道，弗学，不知其善也。道岸有何止境？宜防一篑之亏。修途无可息肩，必切三余之足。……亚圣祖曰：学问之道无他，求其放心而已矣。

课农

一家衣食无不从力田中来，……亚圣祖曰：不违农时，谷不可胜食也。

存心

公平待世，便是培植心田；盘算害人，便是剥丧元气。岂必分财于人？只莫止知有己。每见忠厚传家，子孙昌盛；险刻居心，子孙寥落。天道之报，复不爽也。将欲垂裕后昆，盖先完其天良。亚圣祖曰：君子所以异于人者，以其存心也。

立品

矜奇炫异，固圣贤所不为，砥节砺行，亦君子所必勉。……亚圣祖曰：富贵不能淫，贫贱不能移，威武不能屈，此之谓大丈夫。

养教

蒙以养正，圣功也。……教弟子者，可不及时加察哉？亚圣祖曰：中也养不中，才也养不才，故人乐有贤父兄也。

户长

家有户长，犹国有官司。……家之是非不当，户长之责……

祭祖

水源木本，上下有同情；报本追远，古今无异理。……亚圣祖曰：牺牲不成，粢盛不洁，衣服不备，不敢以祭。

护墓

物本乎天，人本乎祖。……清明祭扫，必诚必敬。凡有损坏，则修补之，蓬棘则剪芟之，树木什器则爱惜之。盖敬祖护墓无非体古人掩亲之心，竭子孙报本之诚也……

息讼

太平百姓，完赋役，息争讼，便是天堂世界。盖讼则有害无利，甚至破家荡产，亡身辱亲，冤冤相报，害及子孙……

完赋

赋税之征，国家法度所系。若任情迟缓，故意抗违，则官吏追呼，多方需索，无名之费或反浮于应纳之数……

尊师

师也者，所以传道、授业、解惑也。师严，然后道尊。教者，固宜端模范，而尊师所以重道，学者尤当谨步趋如……

取友

君子以文会友，以友辅仁，非为平居里巷相慕悦，酒食游戏相征逐也。取友必端，而后善有所劝，过有所规……亚圣祖曰：友也者，友其德也。

崇俭

……慎无宴安、懒惰、侈靡、骄奢。盖人心一侈，则祖宗世业不难荡废于一旦。亚圣祖曰：食之以时，用之以礼，财不可胜用也。

怜贫

……甑内尘生，门前草青，凄风苦雨，举目萧条，自当随便周济，念吾祖宗一体之仁。更有士儒辈身值困穷，而圣贤之业又不忍废，尤当给俸米以坚其志，助考费以成其名。盖为国家恤人才，为祖宗培忠厚，未必非小补……

臣道

子之能仕，父教之忠，古之制也。……出即可为良臣，敬陈仁义，致君尧舜，非儒生分内事乎？亚圣祖曰：君子之事君也，务引其君以当道，志于仁而已。

妇道

妇人以顺为正，以勤为先，……启圣母曰：妇人之礼，精五饭，幂酒浆，养舅姑，缝衣裳而已。故有闲内之修，而无境外之志。

孟氏《家规二十条》与"《孟子》七篇"一脉相承，从二十个方面给孟氏族人立了规矩。其大意可以总结为六个方面。

第一，孝悌。孟氏族规首先强调对父母要尽孝道，并认为侍奉父母是一切的根本。强调兄弟之间要互相友爱，互念手足之情，兄友弟恭。

第二，崇德重教。族规强调族人要加强自身道德修养，重视教育。包括存心、立品、养教、崇俭、取友、尊师、劝学等。总之，要做富贵不能淫、贫贱不能移、威武不能屈的大丈夫。要尊师重教，对待老师要情笃礼隆，诚心受教。在学习的道路上要坚持不懈，珍惜寸阴。

第三，睦族。强调家族的团结性。包括睦族、户长、祭祀、护墓等。户长要公正无私，不持私恩，不挟私仇，主持家族事务要克己秉公。目的都是增强家族的凝聚力。

第四，和邻息讼。包括和邻、怜贫、息讼等。邻里之间不可冤冤相报，要周济穷苦，相互扶持，守望相助，减少诉讼事件。

第五，课农完赋。族规强调族人要重视农耕，不可好逸恶劳，要不违农时，及时缴纳赋税。

第六，臣道、妇道。出仕者要忠君爱国，以仁义之道辅佐君主；为妇者要孝顺、勤勉等。

三、琅玡王氏家训

"旧时王谢堂前燕，飞入寻常百姓家。"唐朝诗人刘禹锡

《乌衣巷》中"王谢"的"王"就是指琅玡王氏。琅玡王氏是东晋、南朝顶级的门阀士族,有"中华第一望族"之称。琅玡王氏家族源自汉谏议大夫王吉"始家皋虞,后徙临沂都乡南仁里",历魏晋南北朝数百年间,琅玡王氏家族中有600余人垂名青史。其中,正传62人、三公令仆50余人,有90多人担任过相当于后世宰相的官职。特别是东晋初年,还曾出现"王与马,共天下"的辉煌。其家族在书法、绘画、文学上成就斐然,代有才人出。王祥("孝圣")、王览("友圣")、王导、王羲之("书圣")、王献之、王僧虔、王褒等都是王氏家族的代表人物。政治上世禄不替,文学艺术上累世风流,共同构成了琅玡王氏家族的主要特点。这与王氏家族的家风密切相关。

魏晋时期的王祥是琅玡王氏家族的奠基人。王祥(185—269),字休征,山东临沂人。以孝著称,为"二十四孝"之"卧冰求鲤"故事的主人翁,被尊称为"孝圣",是"友圣"

王祥卧冰砖雕

王览的哥哥、"书圣"王羲之的曾祖父。王祥临终前，对自己的为人处世方法以及持家态度进行了总结，强调"信、德、孝、悌、让"在立身处世中的重要性，并将其写入留给后代的遗令中，即《训子孙遗令》，遗令原文如下：

夫言行可覆，信之至也；推美引过，德之至也；扬名显亲，孝之至也；兄弟怡怡，宗族欣欣，悌之至也；临财莫过乎让。此五者，立身之本。

大意是：言行一致，是信的极点；把美名推让给别人而自己承担过失，是德的极点；传播好名声使亲人显赫，是孝的极点；兄弟和乐，宗族欢欣，是悌的极点；在财物面前没有比谦让更好的了。这五条，是立身的根本。

王祥的《训子孙遗令》对琅琊王氏后来的兴旺和家风的形成起到了重要作用。在王祥之后的300多年里，琅琊王氏形成了许多家训，如王僧虔的《诫子书》、王褒的《幼训》、王筠的《与诸儿书论家世集》等，在修身、立德、向学、为人处世等方面对后世子孙进行教育。琅琊王氏在魏晋南北朝近400年间，人才辈出，孝友传家。

王僧虔（426—485），东晋太傅王导五世孙，南朝宋时官至尚书令。入齐，转侍中，湘州刺史，谥简穆。他在《诫子书》中，教育儿子不要空谈，不要依靠长辈福荫。现将其《诫子书》内容节选如下：

于时王家门中，优者则龙凤，劣者犹虎豹。失荫之后，岂龙虎之议？况吾不能为汝荫，政应各自努力耳。或有身经三公，蔑尔无闻；布衣寒素，卿相屈体。或父子贵贱殊，兄弟声名异，何也？体尽读数百卷书耳。吾今悔无所及，欲以前车诫尔后乘也。

这段话的大意是：现在我们王家子弟依靠门荫制度，优秀的如龙如凤，低劣的也像虎似豹。但如果失去荫庇，这些子弟还能成龙成虎吗？何况我不能为你们荫庇，只有靠你们自己努力了。有的人位列三公，但却默默无闻；有的人是布衣百姓，却能让公卿拜服。有的虽为父子，却贵贱悬殊；有的即使是兄弟，声名却大相径庭。这是为什么呢？就是读书多少不同的缘故。我现在后悔已经来不及了，想利用前车之鉴来告诫你们。

王褒（约513—约576），北朝大臣、文学家。博览史传，善作草书。曾任太子少保、少司空、宜州刺史等职。明人辑有《王司空集》。王褒作《幼训》训诫儿子，内容如下：

> 陶士衡曰："昔大禹不吝尺璧而重寸阴。"文士何不诵书，武士何不马射。若乃玄冬修夜，朱明永日，肃其居处，崇其墙仞，门无糅杂，坐阒号呶。以之求学，则仲尼之门人也；以之为文，则贾

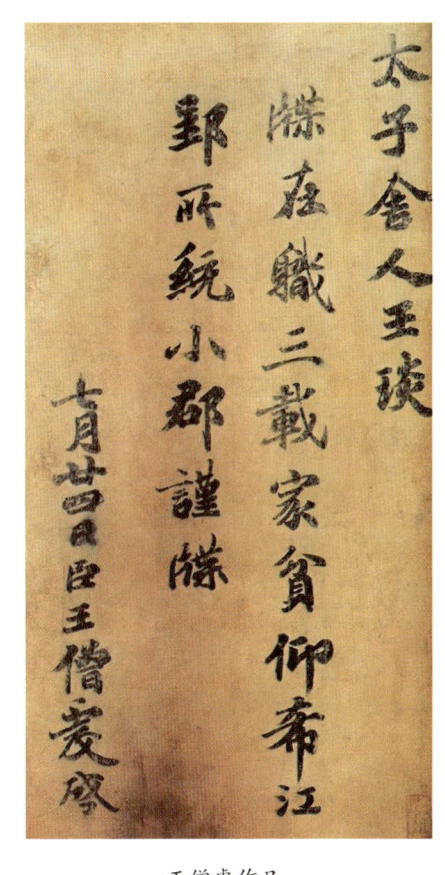

王僧虔作品

生之升堂也。古者盘盂有铭，几杖有诫，进退循焉，俯仰观焉。文王之诗曰："靡不有初，鲜克有终。"立身行道，终始若一。"造次必于是"，君子之言欤。

儒家则尊卑等差，吉凶降杀。君南面而臣北面，天地之义也。鼎俎奇而笾豆偶，阴阳之义也。道家则堕支体，黜聪明，弃义绝仁，离形去智。释氏之义，见苦断习，证灭循道，明因辨果，偶凡成圣。斯虽为教等差，而义归汲引。吾始乎幼学，及于知命，既崇周、孔之教，兼循老、释之谈，江左以来，斯业不坠，汝能修之，吾之志也。①

《幼训》主要包括三个方面的内容。

第一，要夜以继日地学习，坚持不懈。文人读书学习，就像武夫骑射一样，是一项必备的基本功。要珍惜时间，勤学不息，排除一切干扰，专心致志。

第二，为人处世，立身行道，要有始有终，始终如一。要记取"靡不有初，鲜克有终"的古训，坚持德行。

《王褒传》书影

---

① 《梁书·王褒传》。

第三，劝人积德行善。在王褒看来，儒、释、道三教虽大旨各异，但有一个共同的目的，就是劝人积德行善。

王筠（481—549），字元礼，一字德柔，南朝梁大臣，侍中王僧虔之孙。他曾任昭明太子萧统的属官；梁武帝中大通三年（531），萧统去世后，出任临海太守；还京后，历任秘书监、太府卿、度支尚书、太子詹事。《梁书·王筠传》对其《与诸儿书》的记载如下：

> 史传称安平崔氏及汝南应氏，并累世有文才，所以范蔚宗云崔氏"世擅雕龙"，然不过父子两三世耳；非有七叶之中，名德重光，爵位相继，人人有集，如吾门者也。沈少傅约语人云："吾少好百家之言，身为四代之史，自开辟以来，未有爵位蝉联，文才相继，如王氏之盛者也。"汝等仰观堂构，思各努力。

王筠在其《与诸儿书》中告诫家中子弟：我们王氏家族七世蝉联爵位，名望与德行辉光相承，文才相继，人人有集。我们王氏家族之所以有这样的成就，是因为王氏族人各个努力。我希望你们能够继承祖先的遗业，各自努力。

从王祥《训子孙遗令》、王僧虔《诫子书》、王褒《幼训》、王筠《与诸儿书》等看琅珥王氏家训，可以总结为几个方面。

第一，诚信。王祥在《训子孙遗令》中强调，诚信是立身处世的第一要务，王祥教导子弟与人交往要讲诚信。

第二，孝悌。孝悌是王氏家族家风的显著特点。善待父母为孝，善待兄弟为悌。王祥和王览兄弟是孝悌文化的典型代表。

王祥饱受继母朱氏虐待但仍至诚孝母；王览是王祥同父异母的弟弟，他以自己的行为保护兄长，迫使母亲朱氏放弃了毒杀王祥的念头。明代，嘉靖皇帝特为其兄弟故居书写"孝友格天"的题词，并将其故里村名由"南仁里"改为"孝友村"。清代，乾隆皇帝巡幸沂州府时，有感而发，写下了"孝能竭力王祥览"的诗句。

第三，修养个人品德。"推美引过"是王祥推崇之德。为人处世，立身行道，要始终如一，坚持德行。

第四，勤学不懈。读书不光是谋生的手段、仕进的阶梯，更是充实自己的有效途径。读书、学习既要珍惜时间，又要持之以恒。

第五，劝诫家族成员要各自努力，为发扬家族辉煌贡献自己的力量。王僧虔《诫子书》、王筠《与诸儿书》都告诫子孙后代要延续家族的传承，不要凭借祖荫入仕，要读万卷书，各自努力，建立功业，延续家族的辉煌。

作为名门望族的琅玡王氏，能在相当长的时间内保持公侯世及、宰辅相因的社会地位，保持"文才相继""人人有集"的文艺上的辉煌，与其家族重视个人修养、尊儒重孝、勤学不懈的家风有着密切关系。

四、嘉祥曾氏《家规》及《家条十诫》

嘉祥曾氏家族是宗圣曾子的后裔。家族始祖曾子（前505—前435），名参，字子舆，春秋末年思想家，鲁国南武城（今山东嘉祥）人，孔子弟子，儒家学派代表人物之一，后世尊为"宗圣"。世传"宗圣"曾子参与编制《论语》，传《孝经》，作《大学》，大力发展儒家学说，并将其所学传于子思，开启了思孟学派的端绪，为儒家学说的传播发展做出了卓越的贡献。曾氏家族自山东嘉祥发源，至曾子第15代孙曾据南迁庐陵，散播四方；第59代孙曾质粹又归鲁袭爵，回归嘉祥，奉祀曾子祠墓。曾氏家族绵延千载，始终秉承曾子遗教，发扬孝悌传家、敦宗睦族的优良传统，形成了"以孝为本"的家风，在中国文化世家中占据重要的地位。

曾子像

　　曾子注重家教，强调子弟道德人格的培养。"杀彘示信"堪称千古教子的典范。在孔子之后儒学发展中，曾子可以说是儒家孝道理论的集大成者，他在理论上阐发孝道，在实践上竭力行孝，为曾氏家族的家风奠定了基本格调。曾子育有三子——曾元、曾申、曾华，三人不负庭训，皆成为先秦时期的杰出人才。曾元仕鲁，任兵司马；曾华仕齐，为大夫；曾申学《诗》，探研儒学。西汉刘向高度赞扬曾子家风："君正则百姓治，父母慈则子孙孝。是以孔子家儿不知骂，曾子家儿不知怒，所以然者，生而善教也。"

曾氏家族曾南迁庐陵，徙播四方。嘉靖年间，由永丰北归山东嘉祥者为东宗，由永丰徙居湖南者为南宗。全国各地留下了曾氏家族的多个分支，各分支都留下了家规，例如：江西永丰《永丰木塘源曾氏祖谱》存有《家规》、四川富顺《富顺西湖曾氏祠族谱》存有《家条十戒》、湖南湘潭《石莲曾氏七修族谱》存有《家训》、湖南石门《溇阳曾氏族谱》存有《宗规十六条》、湖南宁乡《武城曾氏重修族谱》存有《家法十二条》、湖南浏阳《武城曾氏族谱》存有《宗规十四则》等。其中江西永丰曾氏《家规》、四川富顺曾氏《家条十戒》涵盖了曾氏家族族规，内容丰富，具有典型性，简要介绍如下。

江西永丰《永丰木塘源曾氏祖谱》中的《家规》共有十六条，其条目如下：

先孝顺、重友恭、治丧葬、修祠墓、正家法、睦族谊、笃姻好、敦朋情、报国恩、隆师道、习勤劳、尚节俭、务正业、息讼争、禁赌博、节嗜欲。

四川富顺《富顺西湖曾氏祠族谱》中的家规为《家条十戒》：

一曰祖宗者，子孙之根本也。子孙者，祖宗之枝叶也。后之人生百世下，不见祖宗之面目，祭祀不失其礼，完然祖宗之在耳目也。苟不肖，废祭侵葬，或贫穷而变卖，是皆逆天之罪也。为子孙者重戒之。

二曰纂修族帙，盖使人知吾族之众也。或居里闬，或分处远方，来历详明，不妄指他人以为祖也。昭穆长幼之序,亲疏衰麻之等,自有条而不混,不致卑逾尊、疏逾戚可矣。苟不能然,则礼义自他,风俗日颓。为子孙者宜审之。

三曰同宗之人虽分处,但所有基业,或承受祖宗,或承受他人,各有分数。苟不安分,因争小失大,或兴讼而破家。为子孙者宜儆戒之。

四曰士农工商,民之常业。凡吾族属,各安其一,或兼其二。或士农之余,可以为工商,工商之余,可以为农士。若不守此,苟求夫利,非吾族类矣。为子孙者不可不审矣。

五曰贫人之所恶,富人之所欲,贫富两途,实系于天,不由人也。吾族虽众,贫者须安分以守其贫,富者当好礼以安其富,勿以富而吞贫,勿以贫而姤富,则贫富相安,和气自生,斯为美矣。为子孙者宜遵焉。

六曰嫁娶之道,古今所同。但古人嫁娶,各择其德,今虽不能,凡我族内,有子当娶,有女当嫁,婚姻之际,务择善良。贪求美色,配结下贱,实为玷辱祖先。为子孙者,可不儆乎?

七曰凡我族内,或贫乏,生死患难,无论其亲疏,当抚恤之,周急之,救援之,则族日盛强。为子孙者宜鉴之。

八曰乡党宗族之间,岂无争讼?并直公道之人,未必不可以婉言劝息,决不可任其私意,欺心害人。为子孙者当重思之。

九曰同族之人,当以读书为上,投明师,交益友,通五经之理，详六艺之文，究诸子百家之言，黜异端邪说之弊。居家可以教子弟，庭训堪型，用世可以事明君，尽忠报国。显亲扬名，此其最也。不然愚何以明，柔何以强，吾族何以有光哉！为子孙者，宜深致思焉。

十日睹此谱帙，岁时祭祀之间，方知祖宗之根源，凡有祭仪不可诬也。为人后者宜勉之。

嘉祥曾氏家族家训的内容，可以归纳为以下几点。

第一，崇孝悌。百行皆源于孝。子女对父母尽孝道，尊敬父母是尽孝的最高的境界，其次不能让父母受辱，最低层次的孝为物质层面的供养。对父母的孝不仅包括对父母的赡养，还包括父母去世之后的丧葬、祭祀。事死之道，当如事生。曾氏家族《家规》强调，对于丧葬，富贵有财者厚葬父母，但不要奢侈；贫贱无财者薄葬父母，但不要吝啬。岁时祭祀，切不可废祭侵葬。父子而外，莫过兄弟，兄弟相处，兄友弟恭。勿受枕边私语、门外谗言、饮食不饶、田产不均等影响而同室操戈。

第二，读书明理养德行，尊师重教敦友朋。曾氏家规家条皆强调，曾氏子弟以读书为上，投名师，隆师道。对待老师要谦恭叩问，对老师的知识传授和耳提面命之语，要敬听勿忘。要选择文章知己、道义往来者做朋友，以相互勉励，共同进步。切勿交酒肉朋友、势利朋友。

第三，务正业，报国恩。曾氏家族家规虽强调曾氏弟子以读书为上，但也不排斥其他行业，认为上农工商皆为民之常业。族人可安其一，也可兼其二，可根据自身情况自行选择。不论从事何种职业，皆要安分守业。

第四，勤劳节俭。曾氏家规强调，勤劳是立身之本，懒惰是败家之原。读书宜勤，勿让时光蹉跎；耕作宜勤，可使丰年厚获、凶年薄收。勤劳是开财之源，节俭是节财之流。男婚女嫁、款待宾客、施财周济等皆应量力而行。

第五，睦族息讼济贫乏。"仁让"是睦族之道，族人遭遇贫乏、患难，当周济之。勿以富骄贫、以贵弃贱、以强凌弱。曾氏家族被称作仁厚之家，家传忠恕之道。家训强调族人勿因小嫌而成仇构讼，勿因争小失大，勿兴讼破家。

第六，婚姻嫁娶，重视品德，以善良为要。禁嫖赌，节嗜欲。曾氏家训认为酗酒、嫖赌是招祸、倾家、损寿之由。

第七，纂修族谱。通过纂修族谱，让族人知道宗族之庞大，增强家族自豪感。明确宗族中每个人的辈分及尊卑亲疏。

汉代以来，曾氏子孙虽播徙江南，但其血脉实根于东鲁

"宗圣"曾子墓

嘉祥。千百年来，曾氏后裔恪遵祖训，以"孝悌"为善德美行之本，勤勉自励，在忠孝、德行、节义、理学、文章、治绩等方面代有才人出，继续彰扬宗圣家族的美名。如历宋仁宗、宋英宗、宋神宗三朝的名相曾公亮，"唐宋八大家"之一的曾巩，南宋忠臣孝子的典范曾几，撰《曾子全书》光大祖业的曾承业，"中兴第一名臣"曾国藩等，都是曾氏后裔的佼佼者。

五、安丘曹氏《宗说》

安丘曹氏家族自明洪武初年移籍安丘，逐渐由农耕之家进入诗书世家的行列。安丘曹氏家族自第5世曹滕开始学习儒学，取得贡生地位。第6世曹光汉、第7世曹汝勤也酷爱读书，将精力放在科举上。曹氏家族经过三世的积淀，到第8世，曹一麟、曹一凤兄弟先后考中进士，进入仕途。自此，安丘曹氏家族由科宦起家，明清两代兴盛不衰。安丘曹氏家族的兴盛，源于安丘曹氏家族注重家风的传承和家学的积淀。

安丘曹氏家族六世祖曹光汉曾作《名说》教导子孙，他的两个儿子曹汝勤、曹汝励皆以文学德行闻名乡里。曹汝勤曾编《士女八行》，让族中子弟习读。曹汝勤二子曹一麟带领族人每月聚会两次，检查子弟课业。曹汝勤三子曹一凤制定族规《宗说》。可见，安丘曹氏家族在起家之初就重视家规家教，这是曹氏家族腾飞的一个重要因素。《名说》《士女八行》的内容已不可见，但曹一凤是在祖父曹光汉《名说》、父亲曹汝勤《士女八行》的影响下成长起来的，因此，曹一凤的《宗说》应是在《名说》《士女八行》的基础上制定的更完备的家族族规。

曹一凤（1534—1567），字伯仪，号翔宇，嘉靖三十七年（1558）举人，嘉靖三十八年（1559）二甲第33名进士。历任南京户部湖广清吏司主事、户部员外郎、礼部精膳清吏司郎中、河南按察司副使等，崇祀乡贤祠，乡谥"端简先生"。他是安丘曹氏家族的第一代进士，他对家族的重要贡献之一是制定了曹氏家族族规《宗说》。其定族规一为警诫后辈谨记先辈创业之艰辛，二为督促族人谨遵立德立名的言行规范。兹将《宗说》的主要内容节选如下：

吾将修族谱，立宗法，议诸二兄，请于吾父叔及诸宗人之长者，以与吾诸子弟约，若曰：凡为吾家子若孙者，其知吾祖宗造业之艰辛乎？

各孝尔父母、各敬爱尔兄长、各畏官法、各睦宗族。

信朋友、顾贫穷、恤孤独、崇谦逊、尚节俭、谨言语，培养仁厚之风。

毋酗酒、毋溺色、毋好斗、毋欺证、毋崇邪教、毋幸人之危、毋听妇人之言而伤骨肉之心。

子弟七岁以上者，使从学，学不期仕，期于明理，使知吾家创业艰苦之由，与夫所以保守之道以为敬身立业之本。

学而有用者，有司举之则仕，仕不期大官，毋欺君、毋怀利、毋伐功、毋挤僚辈，毋党上官而草视庶民。其居家地，毋嘱托官府。

（为农者）毋争畔，毋欺邻，毋隐丁田，毋食君之粟而不入其供。（为商者）毋贪重利，毋履险途，毋习为市井之态而不良。

凡我族人，宜共敦雍睦，以为吾邑之倡继。

其大意为，我打算修订族谱，制定族规，与两位兄长相商，并请示了父叔辈及族中诸长辈。与族子弟们相约提醒：凡是我们家族的子孙后代，你们是否知道我们祖先创业的艰辛？

要各自孝敬你们的父母，尊敬你们的兄长，敬畏国家的法律，要与宗族成员和睦相处。

我们要守信于朋友，顾念贫穷，体恤孤独，为人谦逊，生活节俭，言语谨慎，共同培养仁厚的家风。

不酗酒，不沉迷美色，不争强斗狠，不作伪证，不崇信邪教，不乘人之危，不轻信妇人之言而伤害到兄弟之间的亲情。

让七岁以上的子弟接受教育。学习不是为了追求官职，而是为了明辨是非，让他们了解我们家族创业的艰辛，以及我们家族如何保守家业的方法和道理，这些都是他们立身处世、建立事业的根本。

族中子弟学而有所成，有官员举荐就去做官。但不以做大官为目的，不欺君，不贪图私利，不夸耀自己的功劳，不排挤同僚，不结党营私而轻视百姓。为官者闲居在家，不干涉地方公务。

务农者，不与乡人争田界，不欺凌乡邻，不隐瞒人口和土地数量，耕种国家的土地要履行缴纳赋税的义务。经商者，不贪重利，不履险途，不要养成市井小人的习气而失去善良的本性。

凡我安丘曹氏族人，都应敦亲睦邻，加强家族的团结，以成为安丘地区倡导家族和睦的典范和榜样。

总的来看，《宗说》的内容主要分为三个方面。

第一，人格养成。首先，族中子弟要孝敬父母，敬爱兄长。其次，要守信于朋友，要顾念和体恤贫苦及鳏寡孤独者。最后，要求族中子弟俭以养德，谦虚谨慎，谨言慎行。总之，《宗说》注重从人格方面培养曹氏子弟的仁厚之风。

第二，重视教育。家族子弟七岁需从学。族人每月初一聚会，其中一项便是对族中子弟学业的考查。好学无资的，族人共同商议资助。

第三，处事原则。居家则父慈子孝，兄友弟恭；居乡则扶弱济贫，乐善好施，敦亲睦邻；居官则忠贞爱国，济世兴邦，视民如子。

曹一凤的《宗说》在延续安丘曹氏家学，增强家族的内心凝聚力方面发挥了重要作用。安丘曹氏家族在《名说》《士女八行》《宗说》等的指引和激励下，人才辈出维持了明清两代的繁荣，曹氏一门共出了八名进士、十余名举人。曹氏家族第8世曹一麟、曹一凤兄弟皆为进士，清代前中期第12世曹贞吉与曹申吉兄弟同为进士，将曹氏家族带入了鼎盛时代。

曹贞吉（1634—1698），字升六，又字升阶、迪清，号实庵。康熙三年（1664）第三甲第八十三名进士，官至礼部郎中。虽然曹贞吉中进士晚于其弟，官位也没有其弟显赫。但他的文学成就突出。在清代诗坛上与嘉善诗人曹尔堪并称"南北二曹"。词的成就更高,被称为"东鲁词人第一"。《四库全书》收录词人别集,清代就只收录曹贞吉的《珂雪词》。曹申吉(1635—1680),字锡馀,号澹馀,曹贞吉之弟,顺治十二年(1655)第二甲第五十五名进士,钦选翰林院庶吉士,期满留任翰林院。是清代著名诗人,著有《又何轩诗集》《澹馀集》《南行日记》《黔行集》《黔寄集卷》等。

曹贞吉、曹申吉的儿子辈曹霖、曹湛、曹瀚、曹涵、曹淑等,皆能诗善文。第14世曹文田善诗文,精于历史,藏名画,善围棋,著有《学弈会心》。曹庚,能诗文,精通古玩鉴别,博览医书,有《天竹馆诗》《历代钱币考》等作品。第15世曹镶,嘉庆(1801)举人,有《山左水利策》,入道光《安丘新志·文苑传》。第16世曹尊彝,道光二十四年(1844)进士,任刑部主事,善诗词。

六、新城王氏家训

新城王氏家族是明清时期山东地区享有盛誉的官宦世家和文化世家。明清两代,王氏家族人才辈出,科甲蝉联。其家族共出进士30余人、举人50余人,官至尚书、御史、侍郎、总督、巡抚、布政使、按察使等三品以上的朝廷重臣9位。有"四世宫保"的美誉。作为历跨明清两朝、兴盛200余年的仕宦望族和文化世家,王氏家族人才辈出并取得瞩目成就,离不开其家风家训的影响。

元末明初,为避战乱,王贵从诸城徙居新城,以做佣工度日,他是新城王氏的始祖。第二世王伍乐善好施,经常施粥,被乡人称作"王菩萨"。第三世王麟熟读《毛诗》,14岁补博士弟子员,他是王氏家族走上读书道路的重要转型人物。第四世王重光,王麟次子,高中进士并出仕做官,奠定了新城王氏家族向科举官宦世家转变的基础。王重光曾作《太仆家训》,制定了新城王氏家族的首部家训:

> 所存者必皆道义之心,非道义之心,勿汝存也,制之而已矣;所行者必皆道义之事,非道义之事,勿汝行也,慎之而已矣;所友者必皆读书之人,非读书之人,勿汝友也,远之而已矣;所言者必皆读书之言,非读书之言,勿汝言也,诺之而已矣。

大意为,每个人必存道义之心,非道义之心,都不应该存在,要立即制止并消除它;所做的必须是讲道义的事,非道义之事,都不应该做,要谨慎地终止它;所交的朋友必须是热爱读书之人,非好读书之人,不能与之为友,要远离他;所说的话必须是读书人应该讲的话,非读书之言,不能随便乱讲,保持沉默就好了。

王重光《太仆家训》的内容强调"道义"和"读书"两项内容。规定王氏成员处世的基本准则为"道义",王氏族人修身进取的基础是"读书"。

第五世"之"字辈、第六世"象"字辈为王氏家族在科宦道路取得了极大的成就,第五世王重光的次子王之垣、第七子王之猷、侄子王之都皆考中进士。第六世"象"字辈共出10名进士:王象坤、王象乾、王象蒙、王象晋、王象斗、王象节、王象恒、王象丰（武进士）、王象春、王象云。当时王氏子弟同朝为官者数十人，列布权要，朝野遂有"王半朝"之誉。明末文坛领袖钱谦益称"嘉靖以来，其门第最盛"。此时的新城王氏家族已经成为当时最为显赫的官宦世家之一。其中，王之垣和王象晋父子对宗族建设、家风家训的发展贡献很大。王之垣编成家训《念祖约言》，可惜没有流传下来。他还编有《历仕录》，总结了自己为官一生的经验教训。王象晋编写家训《日省格言》，并经常训示子孙"绍祖宗一脉相传，克勤克俭；教子孙两行正路，惟读惟耕"。

第七世的"与"字辈多在明末战乱中殉难，导致王氏人才凋零。入清代以后，王氏家族重新崛起，顺治、康熙年间，新城王氏家族有8人中进士，其中以第八世王士禛最具典型性。王士禛（1634—1711），字子真，一字贻上，号阮亭，自号渔洋山人，世称王渔洋。清顺治十五年（1658）进士，曾任扬州推官、户部郎中等。清康熙十七年（1678）入翰林，官至刑部尚书。他是清初名臣、诗人、文学家。王氏家族自第四代开始迈入政坛，第五、六、八代在当时的政坛都有很大的影响力。因此，怎样做官就成为摆在王氏家族面前的一个重要问题。王之垣曾作《历仕录》总结自己做官的经验教训，王士禛又在《历仕录》的基础上作《手镜录》，总结为官之道，是王氏家族官箴式家训的总结。

康熙三十六年（1697），王士禛第三子王启汸任唐山县令，上任前夕，王士禛总结自己的为官经验和准则50条，写成《手镜录》，让王启汸谨记。《手镜录》洋洋3000余言，从勤政为民的为官理念、谨慎检点的处事原则和方法、廉洁奉公的做官原则、执法审刑的案件处理原则和技巧、立身为本的养生方法等方面总结为官之道。

第一，勤政为民为官理念。

居官以得民心为主，为民间省一分，则受二分之赐，诵声亦易起矣。

必实实有真诚与民同休戚之意，民未有不感动者。不恃智术驾驭。

万一地方有水旱之灾，即当极力申诤，为民请命；不可如山左向年以报灾为讳，贻民间之害。

催征钱粮，各有不同，要以便民为主。

（词状）随到随结，则案无留牍，不误农事，而衙役也不敢恐吓诈骗矣。

王士禛在《手镜录》中非常强调勤政爱民，做官为民。他教导儿子要以"得民心"为主要原则，遇有灾情，敢于为民请命；催征钱粮、加派徭役，要以便民为主，无害于民；遇到各类案件，要及时审理，这样既可避免延误农时，又可避免衙役的恐吓勒索。

第二，谨慎检点的处事原则和方法。

公子公孙做官，一切倍要谨慎检点，见上司，处同寅，接待绅士皆然。稍有任性，便谓以门第傲人。时时事事须存此意，做官自己脚底须正，持门第不得。

与上司启禀，当先检点，勿犯讳。其父祖名讳，亦宜话间而避之。

同寅切戒戏谑，往往有成嫌疑者，不可不慎。

上司、同寅，有送优伶之类者，量给盘费，不妨从优，不可久留地方滋扰，亦不必多留衙中做戏。

凡审事及商榷事体，最宜慎秘，虽门役等日在左右者，亦不可令窥探意指，泄露语言。

做有司官须忍耐、耐烦。事至须三思而行，不可急遽，急遽必有错误。

无暮夜枉法之金，清也；事事小心，不敢任性率意，慎也；早作夜思，事事不敢因循怠玩，勤也。畿辅之地，果为好官，声誉易起；如不努力做好官，亦易滋谤。勉之，勉之！

衙门仓库巡逻、监仓，防范俱要严紧。宅中上宿巡更，亦当每夜严谨。如有公事赴省、赴府，尤要加紧，勿忽。

（常平仓贮谷之事）往往为有司之累，不可不慎。

养马一差及协济驿马二事，当留心，相机行之。

火烛门户，时时谨慎。遇年节、灯节，民间烟火、起火灯，亦宜禁之。

非万不得已，不可以轻易借贷，亦系官评也。

王士禛给儿子讲了为官的总原则——谨慎检点。先总说对上司检点，勿犯名讳；对同僚忌戏谑；做事情要不急不躁，三思而后行。后具体到巡逻、监仓、常平仓事、养马驿马、火烛门户、借贷等具体事宜，皆要事事慎重小心。这既是王士禛对为官经验的总结，又是他对儿子的谆谆教诲。

第三，廉洁奉公的做官原则。

无暮夜枉法之金，清也。

日用节俭，可以成廉。

春秋课农，须身亲劝谕鼓舞之，尤须减驺从，自备饮食，令民间不惊扰。

加派一事，……断断不可一毫染指。切嘱！切嘱！

王士禛教导儿子要洁身自好，不可贪污公家一分一毫，甚至春秋课农之时，也应自备饮食，不惊扰民间。

第四，执法审刑的案件处理原则和技巧。

审事务极虚公，须参互原告、被告及干证口供，虚实曲直自见。不可先执成见，致下有不得尽之情，或至枉纵。至于盗案，尤要详慎，强之与窃，相去天渊，一出一入，万万不可轻易。

人命最重，极当详慎，务于初招确得真情。

勿用重刑，勿滥刑。至于夹棍，尤万万不可轻用。病人醉人，不宜轻加扑责。盛怒之下，万不可动刑。

不可多准词状，不可轻易差人拘提，不可令妇女出官，不可轻易监禁，不可令久候审理。

逃人随获随解，不可监禁过三日。或获之道路，或获之空庙，断不可株累窝家。万一果有窝家，令作自首，则保全者大矣。

凡解逃人一名，须佥有身家、不吃酒的殷实解役二名，方保无虞。

旗下人不可刑责。

风俗教化所关甚巨。每月朔望，会师儒讲上谕法条，

桓台王渔洋故居

须敷陈明白条畅，乡愚人人可解。

遇下犯上、贱凌贵、奴欺主之辈，当严正明分，以维风俗。

（词状）事体小者，或事关骨肉亲戚者，止当令其和息，自悔自艾，亦教化之一端也。

王士禛总结了自己处理案件的原则——虚公，即公正无私。在具体案件的处理技巧上，他强调不能滥用重刑，以人命为重。对于畏罪潜逃者，抓获后尽量保全其家小。此外，在公正执法的同时，他还强调教化百姓，移风易俗，用教化的手段减少各类案件的发生。

第五，立身为本的养生方法。

每日坐堂须早，早起须用粥及姜汤御寒气。午堂亦须饭，然后出，惟不可多用酒。酒后比粮审刑，尤断断不可，慎慎之。

宴会当早赴早散，不可夜饮。

夏天出门，亦要带棉衣、棉被褥之类，以防风雨骤寒。

雾天早起，当使饱，若枵腹则恐致疾，行路尤不可也。

暑天有汗，亦不可在有风处脱衣帽，寒天又不必言。

身体是革命的本钱，儿子即将离家为官，身为父亲的王士禛千叮咛万嘱咐，事无巨细地叮嘱儿子注意身体，慈父的形象已经跃然纸上。

总之，《手镜录》是王士禛为官经验的真知灼见，是他对儿子王启汸的谆谆教诲，是一个官宦世家总结的教导子弟做官的方法指导，是对整个新城王氏家族家风家训的丰富和升华。

第九章 红色家书：传统家风文化的承继与弘扬

一、身教典范：赵一曼致子书

赵一曼（1905—1936），女，原名李坤泰，字淑宁，又名李一超，四川宜宾人，中国共产党党员，抗日民族英雄，2009年被评为"100位为新中国成立作出突出贡献的英雄模范人物"。赵一曼牺牲前任东北人民革命军第三军一师二团政治委员，率军民浴血奋战在白山黑水之间，以"红枪白马女政委"声名远扬。1935年11月，赵一曼为掩护部队撤离受伤被俘，1936年8月2日被日军杀害，年仅31岁。

赵一曼出生于四川省宜宾县的一个封建地主家庭。五四运动爆发后，马克思主义在中国得到广泛传播。作为一名进步青年，赵一曼有强烈的革命要求，在接受了马克思主义后思想进步很快。1923年，赵一曼加入中国社会主义青年团，并按照上级

赵一曼像

团组织的指示在家乡积极开展革命活动，筹备团的组织和妇女群众团体。1926年2月，赵一曼考入宜宾女子中学，在校期间积极宣传反帝反封建思想，讲述中国近代以来的历史，在同学中引起强烈共鸣，影响了一大批有志青年。1926年春，赵一曼由社会主义青年团团员转为中国共产党党员，并迅速成长为党内的重要骨干。

1927年1月，赵一曼考入武汉中央军事政治学校入伍生总队女生大队。蒋介石发动四一二反革命政变后，赵一曼加入军校学生编成的独立师，前往纸坊前线迎击夏斗寅的叛军。七一五反革命政变爆发后，赵一曼按照党组织的安排，转移到上海。同年九月，她被派往苏联莫斯科中山大学学习，期间结识了原黄埔军校第六期学生、中共党员陈达邦。基于共同的理想和信念，1928年4月两人结为革命伴侣。由于过度劳累和怀有身孕，赵一曼旧有的肺病不断加重，党组织考虑到苏联寒冷的气候不利于她的健康，同时国内急需妇女干部，决定让她提前回国。回国后，赵一曼被派往湖北宜昌做秘密工作，负责四川的文件和干部转运工作，并于1929年生下儿子陈掖贤，也就是"宁儿"。1931年，九一八事变爆发，东北沦陷。中国共产党派出一批优秀干部前往东北，赵一曼就在名单之中，当时宁儿还不满三岁。临行前，赵一曼来到照相馆，抱着宁儿坐在高背藤椅上拍下一张照片，这也是她和儿子唯一的合影。

到达东北后，赵一曼立刻投入组织抗日斗争的热潮中，领导了著名的哈尔滨电车工人大罢工，后担任抗联第三军二团政治委员。1935年11月，赵一曼和团长王惠同率领五十多名战士在左撇子沟附近与敌人激战。突围时队伍被打散，团长王惠同被俘，赵一曼左臂受伤。赵一曼在养伤期间，其住所被特务探知，后遭到敌人围攻，赵一曼因身负重伤不幸被俘。被捕后，日军审讯官大野泰治见赵一曼伤势严重，怕她很快死去，连夜审讯。赵一曼意志坚定，毫不动摇。气急败坏的日本特务用马鞭抽打赵一曼左腕上的伤口，用鞭杆狠戳她腿部的伤口。赵一曼虽然被折磨得死去活来，仍旧坚贞不屈。日军档案中这样记载："在长时间经受高强度电刑的状态下，赵一曼女士仍没招供，确属罕见，已不能从医学生理上解释。"不久，赵一曼腿部的伤口溃烂化脓，生命垂危。由于日军未能获得重要口供，不想让她立刻死去，于是将其送进医院监视治疗。在医院治疗期间，赵一曼积极宣传抗日救国的道理，争取看护人员。经过周密研究和准备，1936 年 6 月 28 日，赵一曼在医院看护帮助下逃出医院。但由于她有伤在身，行动不便，没有逃过日军的严密搜捕，再次落入敌人魔爪。

经过一个月的严刑逼供，敌人毫无收获。7 月末，伪滨江省警务厅决定把赵一曼处死"示众"，以此威慑抗日群众。1936 年 8 月 2 日，在被押往珠河刑场的途中，赵一曼给千里之

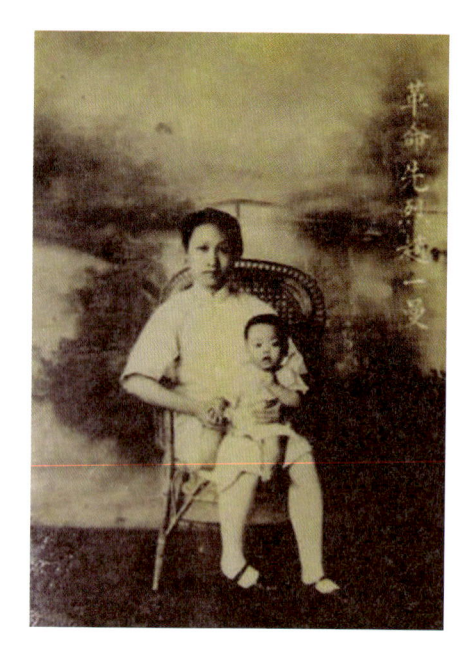

赵一曼与儿子陈掖贤合影

外的儿子陈掖贤（小名宁儿）写下绝笔信，书信全文如下：

宁儿：

  母亲对于你没有能尽到教育的责任，实在是遗憾的事情。

  母亲因为坚决地做了反满抗日的斗争，今天已经到了牺牲的前夕了。

  母亲和你在生前是永久没有再见的机会了。希望你，宁儿啊！赶快成人，来安慰你地下的母亲！我最亲爱的孩子啊！母亲不用千言万语来教育你，就用实行来教育你。

  在你长大成人之后，希望不要忘记你的母亲是为国而牺牲的！

一九三六年八月二日
你的母亲赵一曼于车中

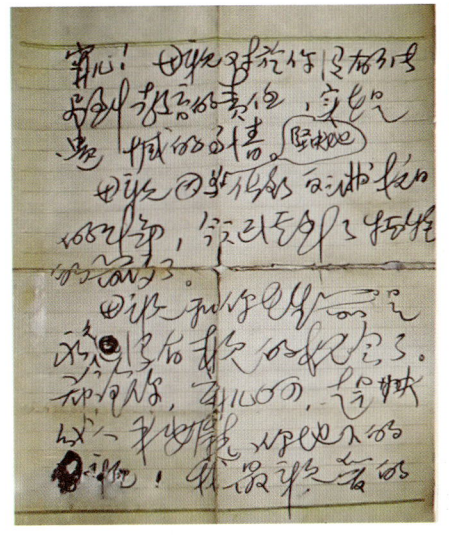

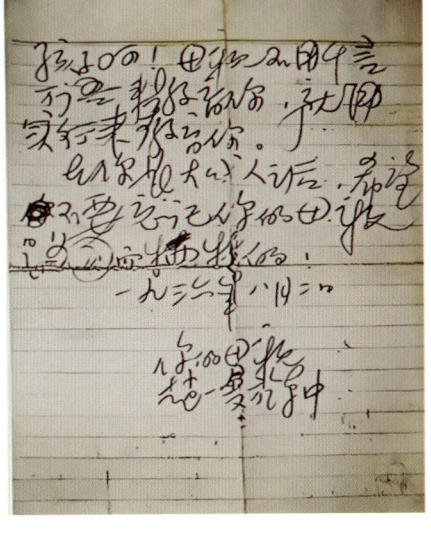

赵一曼绝笔信

这封红色家书虽然只有寥寥百字，却是一封情感深沉的亲子信，充满了革命精神和坚定信念。它饱含了革命烈士对儿子的牵挂，寄托了其坚定的理想信念，蕴含了深沉的家国情怀。

　　赵一曼在生命的最后时刻，在信中以母亲的身份，表达了对儿子深切的爱与期待。她遗憾自己未能尽到教育儿子的责任，期盼儿子能够"赶快成人"，成为一个对社会有用之人，并以自己的行动来安慰她在地下的母亲。这种深沉的母爱不仅是对亲情的自然流露，更是对儿子的殷切期望，希望他能继承母亲遗志，为国家和民族的繁荣富强而努力奋斗。

　　赵一曼在书信中深情地写道："母亲不用千言万语来教育你，就用实行来教育你。"她用自己的生命诠释了共产党员的崇高精神，为儿子树立了光辉的榜样，教会他做人之道，教导他如何为国奉献。这种"身教"的理念，展现了赵一曼作为母亲的深刻智慧和责任感。

　　她在信的结尾殷切地嘱托"希望不要忘记你的母亲是为国而牺牲的"，希望儿子铭记她的牺牲，不

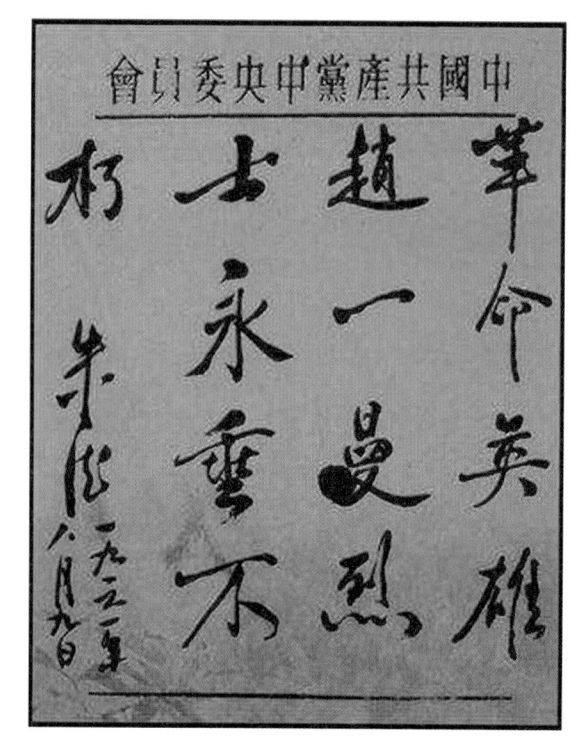

朱德为赵一曼烈士题字

四川宜宾市赵一曼纪念馆

是为了个人的荣誉,而是为了让下一代理解国家和民族的重要性,激励后代继续为国家独立和民族复兴而奋斗。

整封家书充满悲壮之情,却未见赵一曼有一丝后悔与退缩之意。赵一曼以爱之名,以献身革命之行,来教育宁儿,嘱咐宁儿,不要辜负了母亲,要继续母亲的事业。通过这封信,赵一曼将她的革命精神和母爱融合在一起,给后人留下了宝贵的精神财富和深刻的启示。2015年9月11日,习近平同志在十八届中央政治局第二十六次集体学习的讲话中曾重点提及赵一曼的这封家书,他说:"这些革命烈士的家书是进行理想信念教育最生动、最有说服力的教材,应该编辑成册,发给广大党员、干部,大家都经常读一读、想一想。"这些红色家书彰显了中国共产党人的理想信念,挺起了中国共产党人的精神脊梁。

二、献身真理：何功伟给父亲的遗书

何功伟（1915—1941），又名何彬、何斌、何明理，湖北咸宁人，1936年8月加入中国共产党，先后担任中共湖北省委委员、鄂南特委书记、湘西区党委书记和鄂西特委书记等职务。由于叛徒出卖，何功伟于1941年1月在恩施不幸被捕，同年11月慷慨就义，年仅26岁。

何功伟年幼时在私塾接受启蒙教育，11岁时到湖北省立第四小学读书，后考入武昌湖北省立第二中学，1933年以第一名的成绩考入湖北省立武昌高级中学。在高中学习期间，何功伟开始阅读马列书籍，并在抗日救亡的时代浪潮中走上革命道路。1935年一二·九运动爆发后，何功伟奔走于武汉各个学校，声援北平学生运动。1936年6月，两广事件爆发，何功伟发表反对内战的演说，积极宣传中国共产党团结抗日的主张，并因此遭到国民党反动派的通缉，他不得不放弃学业去往上海。1936年8月，未满21岁的何功伟光荣地加入了中国共产党。此后，他辗转上海、湖北，并担任党的多个重要职务。

皖南事变前后，国民党的第二次反共高潮达到顶峰。由于叛徒出卖，何功伟不幸被

何功伟烈士像

捕。敌人想尽各种办法让其投降，都遭到其铿锵有力的回绝。最后敌人找到何功伟的父亲，希望通过亲情软化他。面对敌人的威逼利诱和父亲的苦苦哀求，何功伟在狱中给父亲写下了一封遗书。在这封感人至深的家书中，何功伟写道：

儿蝼蚁之命，死何足惜！唯内乱若果扩大，抗战必难坚持，四十余月之抗战业迹，宁能隳于一旦！百万将士之热血头颅，忍作无谓牺牲！睹此危局，死后实难瞑目耳！……而奈儿献身真理，早具决心，苟义之所在，纵刀锯斧钺加颈项，父母兄弟环泣于前，此心亦万不可动，此志亦万不可移。盖天下有最丰富之感情者，必更有最坚强之理智也。……往事如此，记忆犹新，夫昔年既未因严命而终止救国工作，今日又岂能背弃真理出卖人格以苟全身家性命？儿丹心耿耿，大人必烛照无遗。若大人果应召来施，天寒路远，此时千里跋涉，怀满腔忧虑而来；他日携儿尸骸，抱无穷悲痛而去。徒劳往返，于事奚益？大人年愈（逾）半百，又何以堪此？是徒令儿心碎，而益增儿不孝之罪而已。儿七岁失恃，大人抚之养之，教之育之，一身兼尽严父与慈母之责。恩山德海，未报万一，今后，亲老弱弟，侍养无人。不孝之罪，实无可逃。然儿为尽大孝于天下无数万人之父母而牺牲一切，致不能事亲养老，终其天年，苦衷所在，良非得已。惟恳大人移所以爱儿者以爱天下无数万人之儿女，以爱抗战死难烈士之遗孤，以爱流离失所无家可归之难童，庶几儿之冤死或正足以显示大人之慈祥伟大。胜利之路，纵极曲折，但终必导入新民主主义新中国之乐园，此则为儿所深信不疑者也。将来国旗东指之日，大人正可以结束数年来之难民生涯欣率诸弟妹，重返故乡，安居乐业以娱晚景。今日虽蒙失子之痛，苟瞻念光明前途，亦大可破涕为笑也。

其大意是：我的命如同蝼蚁，死不足惜，但如果内乱由此扩大，抗战就很难坚持下去了，四十多个月的抗战不能因此毁于一旦，百万战士抛头颅、洒热血，做出巨大牺牲，不能让他们的牺牲失去意义。看到这样危险的局面，死后我也难以瞑目啊！……奈何儿子决心献身真理，纵使有刀、锯、斧、钺放在我的脖子上，父母兄弟姐妹在我的身边哭泣，我献身真理的心也不会改变。……往事我还记忆犹新，之前我不曾因父亲而停止救国的工作，今天又怎会为保全性命而背弃真理、出卖人格呢？如果父亲您果真应召来恩施，天气寒冷、路途又遥远，一路上您满怀担心忧虑，他日您又要带着孩子的尸骨悲伤地返还家乡，这一路奔波并无意义。父亲您已年过半百，您这一路奔波只能使我更加心碎，增加我不孝的罪名。我七岁时，母亲便抱病离世，父亲您抚养我、教育我，既是严父又是慈母，您对我的恩情如山似海，面对您给予的大爱我却无以回报，我不孝的罪名实在是逃脱不开了。然而儿子我是为尽大孝给天下万人的父母而牺牲，因此不能给您养老尽孝，这是我的苦衷所在，我实非得已。只想恳求父亲您将爱转移给天下无数万人的儿女，去爱抗战烈士的遗孤，去爱无家可归的难童，但愿儿子的牺牲能显示父亲的慈爱与伟大。……纵使胜利的路途极其曲折，但我始终坚信新民主主义的新中国终将到来。将来国旗冉冉升起，

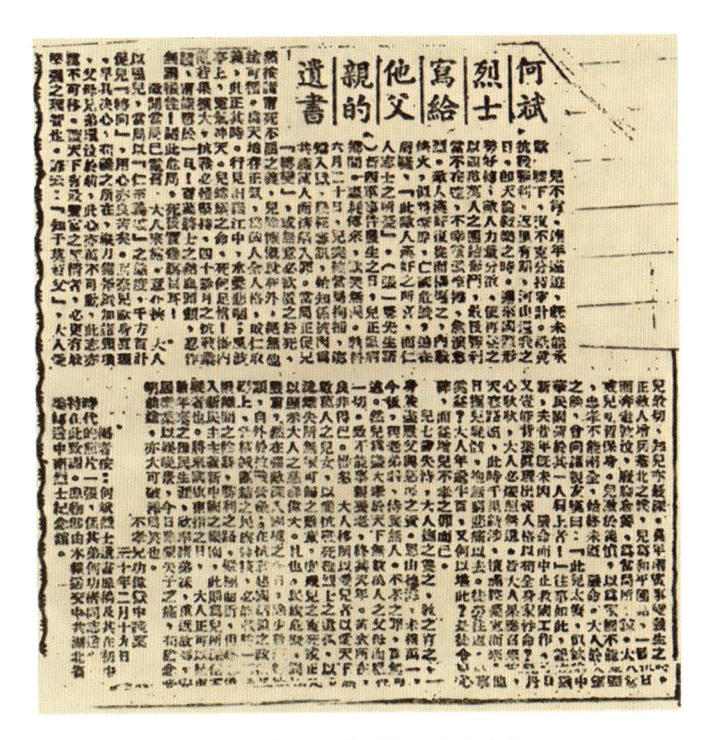

何功伟就义前写给父亲的遗书

父亲您就结束了难民生活,您带着弟弟妹妹们开心地重返故乡,安居乐业度过晚年。今日虽承受了失子之痛,但转念想想光明的前景,便可破涕为笑!

　　何功伟写给父亲的这封遗书饱含深情,既有舍己为国的壮志豪情又有不能为父亲尽孝的无奈与愧疚。忠义两难全,在国家命运与小家团圆的抉择中,他义无反顾地选择了为国捐躯,这样的慷慨大义值得我们敬仰。在这封珍贵的家书中,既有何功伟作为儿子对亲情的不舍和眷恋,更有他作为一名共产党员对真理的信仰和英勇献身的决绝。

　　行刑时,何功伟走了一百余节台阶,每走一步敌人都会问一句"回不回头?"一百多节台阶,何功伟被问了一百多次,但他自始至终从未开口回答，也未曾停下脚步，毅然决然地放弃了一百多次生的机会。何功伟的光辉事迹成为中国共产党人共同的精神财富，2022年3月1日，习近平总书记在2022年春季学期中央党校（国家行政学院）中青年干部培训班开班式上的讲话中，曾谈及何功伟烈士的英雄事迹，他说："1941年，时任鄂西特委书记何功伟被捕入狱。面对敌人一次次严刑拷打、一次次劝降利诱，他毫不畏惧、不为所动，高唱《国际歌》英勇就义，年仅26岁。何功伟在给父亲的信中写道，儿献身真理，早具决心，除慷慨就死外，绝无他途可循，为天地存正气，为个人全人格，成仁取义，此正其时。"英雄不朽，浩气长存。让我们铭记烈士事迹，继承烈士遗志，为党和国家、人民的事业英勇奋斗！

三、人人平等：毛泽东给表兄文运昌的信

文运昌（1884—1961），湖南韶山市大坪乡大坪村唐家圫人，毛泽东八舅父文玉钦的次子，毛泽东的表兄。他早年毕业于湘乡县立师范学校，后在湘乡任小学教师，对少年时期的毛泽东产生过重要影响。

青少年时期的毛泽东与文运昌关系密切，文运昌不仅是他的表兄，还是他童年的玩伴和早年的思想引路人。毛泽东小时候，父亲毛顺生一直想将他留在身边，帮助他种田、记账。1910年，文运昌带来了湘乡县立东山高等小学堂讲授新学的消息，毛泽东听了极为动心，萌发了去东山小学上学的念头。毛顺生起初并不支持，但经过亲友的劝说，他最终同意毛泽东走

出大山接受新式教育。同年秋天，文运昌陪同毛泽东来到东山小学堂，并做了毛泽东的入学担保人，帮他办理了入学注册手续。当时的文运昌喜欢收藏各种书籍，毛泽东从他那里借阅过《新民丛报》的汇编本等书籍。毛泽东向表兄借书时，总是先打条子后拿书。新中国成立后，文运昌将1915年毛泽东借书时写的一张便条捐献给人民政府，毛泽东在信中尊称文运昌为"咏昌先生"，可知两人的关系非常密切。

自从参加和领导中国革命后，由于政治环境的险恶，毛泽东和亲人的联系非常不便。1937年，离家已近十年的毛泽东收到了表兄文运昌的来信，这让他欣喜异常。由于时代久远、保存不易，文运昌来信的具体内容已不可知。但从毛泽东复信的内容看，文运昌在此信中应谈及了家庭生活困难，想要奔赴延安工作且希望得到毛泽东资助等内容。面对表兄的请求，毛泽东思考再三，写下了这封情理深长的长信。回信全文如下：

莫立本到，接获手书，本日又接十一月十六日详示，快慰莫名。八舅父母仙逝，至深痛惜。诸表兄嫂幸都健在，又是快事。家境艰难，此非一家一人情况，全国大多数人皆然，惟有合群奋斗，驱除日本帝国主义，才有生路。吾兄想来工作甚好，惟我们这里仅有衣穿饭吃，上自总司令下至火夫，待遇相同，因为我们的党专为国家民族劳苦民众做事，牺牲个人私利，故人人平等，并无薪水。如兄家累甚重，宜在外面谋一大小差事俾资接济，故不宜来此。道路甚远，我亦不能寄旅费。在湘开办军校，计划甚善，亦暂难实行，私心虽想助兄，事实难于做到。前由公家寄了二十元旅费给周润芳，因她系泽章死难烈士（泽覃前年被杀于江西）之妻，故公家出此，亦非我私人的原故，敬祈谅之。我为全社会出一些力，是把我十分敬爱的外家及我家乡一切穷苦人包括在内的，我十分眷念我外家诸兄弟子侄，及一切穷苦同乡，但我只能用这种方法帮助你们，大概你们也是已经了解了的。

虽然如此，但我想和兄及诸表兄弟子侄们常通书信，我得你们片纸只字都是欢喜的。

不知你知道韶山情形否？有便请通知我乡下亲友，如他们愿意和我通信，我是很欢喜的。但请转知他们不要来此谋事，因为此处并无薪水。

刘霖生先生还健在吗？请搭信慰问他老先生。

日本帝国主义正在大举进攻，我们的工作是很紧张的，但我们都很快乐健康，我的身体比前两年更好了些，请告慰唐家圫诸位兄嫂侄子儿女们。并告他们八路军的胜利就是他们大家的胜利，用以安慰大家的困苦与艰难。

谨祝兄及表嫂的健康！

毛泽东的这封回信写满了五页纸，既有慷慨激昂决心拯救天下劳苦大众的信心，又有对故乡及家乡亲人的无限眷恋与惦念。在这封信中，他告诫亲人，中国共产党人的工作是牺牲个人私利的，是无薪水的，不要为谋薪水来延安做事。面对表兄想要寻求资助的要求毛泽东也予以回绝，并解释道，寄给周润芳的20元旅费是党组织给予死难烈士家属的抚恤，不是他个人的资助。而这位死难烈士不是别人，正是毛泽东自己的弟弟毛泽覃。他在信中为家乡亲人讲述中国共产党和八路军的性质和使命，并在信中充满斗志地说，"惟有合群奋斗，驱除日本帝国主义，才有生路。""八路军的胜利就是他们大家的胜利"，可见毛泽东对挽救民族与百姓是充满信心的。毛泽东也渴望了解亲人们的近况，他在信中写道："我得你们片纸只字都是欢喜的"，"如他们愿意和我通信，我是很欢喜的"，毛泽东渴望与亲人取得联系的心情跃然纸上。

毛泽东给文运昌的信（局部）

这封家书荡气回肠，内容十分丰富，在饱含深情之余，也彰显了中国共产党人大公无私、为国为民的广阔胸怀。此信主要的思想意旨有以下几点：

第一，强调中国共产党人是为国家和人民利益而奋斗的，人人平等，绝无特权。"特权"多指因特殊地位而享有凌驾于法律、制度之上的权力，这与中国共产党的性质宗旨绝不相容。中国共产党来自人民，为人民而生，因人民而兴，我们党历来强调人人平等，反对特权，决不允许利用职位之便谋取私利。毛泽东当时作为中国共产党的主要领导人，尽管十分惦念、牵挂家乡亲人，但心中始终十分明确公私的界限，面对昔日帮助过自己的表兄的种种请求，明确予以拒绝。

第二，强调保家卫国，始终心系人民。毛泽东始终心系祖国、心系人民，把自己当成人民的公仆。此信写于1937年，正值抗日战争时期，国家存亡、民族兴衰系于抗战的前途。毛泽东将对亲人之爱熔铸于救亡图存和民族解放的伟大事业之中，实现了大爱与小爱的统一，并强调要在成全大爱之中实现亲情之爱。他说，"我为全社会出一些力，是把我十分敬爱的外家及我家乡一切穷苦人包括在内的，我十分眷念我外家诸兄弟子侄，及一切穷苦同乡"，其气度之大，胸襟之广，境界之高，令人钦佩。

第三，情理交融，情谊厚重。毛泽东在信中除表达了对亲友的牵挂和思念外，还特别提到了"刘霖生先生"，此人是毛泽东大姨妈钟文氏的继子，擅长诗文，为人正直。毛泽东的父亲毛顺生去世时，毛泽东的弟弟毛泽民曾请刘霖生主持丧事，刘霖生尽心尽力，将毛顺生的丧事办得井井有条。这份恩情毛泽东始终记得，对年岁已高的刘霖生十分惦念，希望了解他的近况，因此特别在信中询问。

毛泽东一生为革命奋斗，带领党和人民创造了彪炳史册的伟大功绩。他是为国奉献的伟人，也是一位有血有肉的普通人。透过这封家书，我们可以看到伟人丰富的内心世界与光明磊落的人格，也感悟了中国共产党的性质和宗旨，见证了中国共产党人的初心和使命。

四、铁血柔情：左权给妻子刘志兰的信

左权（1905—1942），字孳麟，号叔仁，原名左纪权，湖

南醴陵人。曾任八路军副参谋长，是抗战时期中国共产党在战场上牺牲的最高级别的将领。

左权年少时酷爱读书，8岁读私塾，16岁考入渌江中学，19岁考入黄埔军校，成为黄埔军校一期学员。1925年，接受组织安排前往苏联留学，先后在莫斯科中山大学和伏龙芝军事学院深造，掌握了丰富的军事理论知识，并与邓小平、刘伯承等人结下深厚的友谊。1930年左权回国，并随红军长征到达陕北，之后便一直投身华北的解放事业，领导组织了百团大战、黄崖洞保卫战等经典战役。1937年，洛川会议召开，红军改名为八路军，左权被任命为八路军副参谋长。

由于战事紧张，左权长期孑然一身，无暇顾及个人问题。朱德对左权的终身大事十分关心，并一直帮其留意合适的对象。当时刘志兰还不到22岁，是浦安修在北平师范大学女附中时的同窗好友，参加过一二·九学生爱国运动，1937年2月加入中国共产党，同年10月带着弟弟刘志麟来到延安。刘志兰到延安后在中共北方局妇委工作，是当时女同志中的佼佼者。朱德夫人康克清在一次活动中无意中发现了台上讲话的刘志兰，想到朱德多次提到的"要帮左权找个合适的对象"，康克清与

左权像

浦安修一起商议将刘志兰留在延安。经过一番考察，朱德亲自找到刘志兰，向其介绍了左权的情况。在朱德的介绍下，1939年4月，左权与刘志兰这位相差12岁的革命同志结为夫妻。婚后不久，刘志兰怀孕，并于1940年5月生下女儿左太北。这个名字是彭德怀起的，当时彭德怀对左权说："刘伯承师长的孩子叫刘太行，我看是很有纪念意义啊！你的小女孩就叫左太北吧！"从此，北北的名字就叫开了。1940年8月，考虑到百团大战的局势和妻子学习的需要，左权便与刘志兰商议，让母女两人随机关同志一起去往延安。分离前左权专门请人给一家三口拍了一张合照，照片里左权抱着女儿笑得尤为开怀。

"名将以身殉国家，愿拼热血卫吾华。太行浩气传千古，留得清漳吐血花。"这是左权去世后朱德写的缅怀诗。从1940

左权一家三口合照

年8月到1942年5月左权不幸牺牲,左权与妻子刘志兰再未见面,两人仅通过书信保持联系。21个月的时间里,左权共写给妻子刘志兰12封信,其中1封在送信路途中不幸遗失,加上刘志兰的回信,共19封,两人平均每个月都会有书信往来。左权对革命事业的尊重,对家人深沉的爱,构成了左权家书的主要内容,也留下了薪火相传的红色家风。

1940年,左权在太南二纵队作战时,怀孕的刘志兰心里有些害怕,十分担心左权的安全,便给左权修书一封,主要表达了对丈夫的牵挂。当身为共产党员的刘志兰多次要求左权对她提出批评时,左权写道:"你累次要我对你多提出意见,在过去的一段生活上,我回忆,一般的我觉得都很好。但我去太南时你给我的信以及三月七日的信给我印象颇深,两信中之共同缺点,就是顾生活问题过多,有些冲动,有些问题考虑不周。"左权在此封家书中对妻子进行了坦承、善意的批评。

1941年1月和3月,左权先后收到刘志兰所写的两封信。当时的女同志多以参加革命为荣,这就导致刘志兰在生下太北以后感觉自己一下子就落后了,加上在延安自己一人抚养女儿,生活上也很困难,导致刘志兰情绪一时有些失落和冲动。刘志兰在后来给女儿左太北的家书中也曾提到:"在情绪最不好的时候我写了一封信给你的父亲说,早知如此我一切都不算了。这不是什么变了心,而是气话。"

在得知因为女儿的牵累,妻子未能按照两人所预想的那样顺利进入学校继续学业,左权很愧疚,在5月份给妻子寄去了

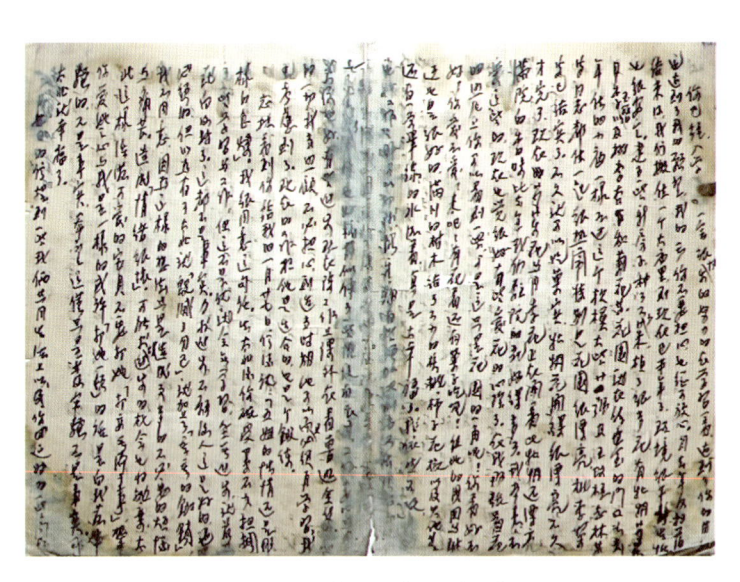

左权致刘志兰的书信（局部）

一封书信，全文多达 3200 字，是左权所有家书中最长的一封。左权在此封家书中，一是对刘志兰提到的问题进行了回应，二是将自己最近的生活状况和所思所想与刘志兰进行了交流。

在谈到妻子因为照顾女儿所做出的牺牲时，左权提到："牡丹虽好，绿叶扶持，这是句老话。小太北能长得这样强壮、活泼可爱，是由于你的妥善养育，虽说你受累不少，主要的是耽搁了一些时间，但这也是件大事，不是白费的。你要我做出公平的结论，我想这结论你已经作了，就是说'我占了优势，你吃了亏'。不管适合程度如何，我同意这个结论。"并在信中告知妻子："两信均给我一些感动与感想。你回延后不能如我们过去所想象的能迅速处理小儿马上进到学校，反而增加了更多的烦恼，度着不舒适的日子、不快乐的生活。我很同情你，不厌你的牢骚。"

在谈到妻子对学习的渴望和追求进步时，左权提到："我同意你回延主要的是为了你的学习，因为在我们结婚起你就不断的提起想回延学习的问题。生太北后因小孩关系看到你不能很好的工作又不能更多的学习，以为回延后能迅速的处理小孩，能迅速的进校读书，当然是很好的。所以就毫不犹豫同意了你的提议。"

左权的家书既是夫妻二人交流感情的媒介，也是两人之间革命信仰和革命精神的流通，左权写给刘志兰的家书不仅包含了一般性的情感交流，更多的是两人革命精神和革命意志的体现，家书的内容主要包含以下几个方面：

一、相互尊重。刘志兰在成为左权的妻子之前本身就是一名十分优秀的共产党员，为了配合左权作战的需要，刘志兰带女儿回到延安，因为长久以来照顾女儿导致其有些抱怨和牢骚，左权表示十分理解，并对妻子所作出的付出和牺牲表示感激。

二、追求进步，努力学习。左权和刘志兰身为革命同志，有着共同的信仰和追求，在刘志兰提出想回延安学习后，即使两人正在新婚燕尔，左权也决定尊重妻子的意见，并在信中鼓励妻子努力学习。

三、顾全大局。刘志兰在怀孕时交给左权的信其实是其担忧丈夫的表现。但是在革命战争年代，为了国家和民族的命运就免不了流血和牺牲。左权给刘志兰的回信既是对刘志兰提出的善意批评，同时也是对她的劝诫，告诫她要时刻以国家利益为重。

左权牺牲后，刘志兰继承丈夫遗志，一面抚养女儿长大，告诉女儿牢记父亲是"血战捐躯的抗日英雄"。另一方面继续两人的革命事业，无论多苦都要咬牙度过，"有一点失望和动摇都不配做你的妻子"。受到父母的影响，左太北年少时便决定要报考军校，成为像父亲一样的共产党员。最终，左太北考入中国人民解放军军事工程学院，投身于国防工业建设。1982年，42岁的左太北收到母亲寄来的父亲当年写下的家书，左太北对父亲的爱有了更深刻的感悟。她前往父亲曾经战斗过的太行山地区，帮助当地的群众。多年来左太北夫妇二人一直资助和帮扶当地村民，工作十几年甚至没留下任何积蓄，当地的人民群众称赞她说："不愧是左将军的后人！"

五、红岩精神：江竹筠给表弟谭竹安的信

江竹筠（1920—1949），女，四川自贡人，2009年被评为"100位为新中国成立作出突出贡献的英雄模范人物"。江竹筠于1939年加入中国共产党，1949年11月英勇就义，是革命题材长篇小说《红岩》中江姐的人物原型。新中国成立后，江竹筠的革命事迹通过歌曲《红梅赞》、歌剧《江姐》、电影《烈火中永生》等广为传颂，影响和激励了几代人。

江竹筠出生在四川省自贡市大山铺江家湾的一个农民家庭，幼年曾进入私塾接受启蒙教育。8岁时，因家乡遭遇大旱，家庭生活日趋艰难，她随母亲逃荒到了重庆。1932年，江竹筠在舅舅李义铭的帮助下，免费入读重庆市私立孤儿院小学。孤儿院小学的教师丁尧夫是一名中共地下党员，他在学校秘密开展革命宣传活动，在江竹筠心里播下了革命的火种。后来，江竹筠先后考入重庆南岸小学和中国公学附中，并于1939年加入中

国共产党。1941年夏天，21岁的江竹筠被川东特委调任重庆新市区区委委员，负责组织当地学生运动、发展新党员。1943年5月，党组织安排她与中共重庆市委领导人之一的彭咏梧假扮夫妻，利用公开身份掩护重庆市委秘密机关。1945年，彭咏梧和江竹筠经党组织批准，成为正式夫妻，并生下一个男孩，名为彭云。1948年1月，彭咏梧在川东地区组织武装起义，在一次率领

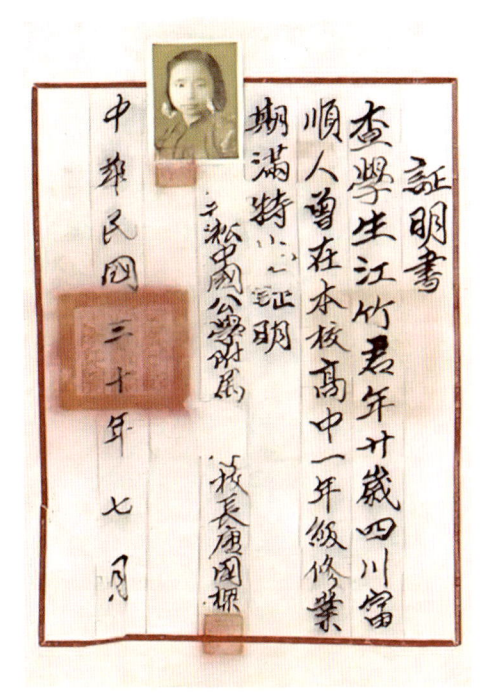

江竹筠高一年级修业期满证明书

游击队突围时不幸牺牲，其头颅被凶残的敌人悬挂在城门示众。党组织曾建议江竹筠返回重庆工作，但江竹筠坚定地表示："老彭在什么地方倒下，我就在什么地方坚守岗位。"1948年6月，因叛徒出卖，江竹筠被捕入狱，面对国民党特务的严刑拷打、威逼利诱，她始终严守党的秘密，直至1949年11月英勇就义。

江竹筠牺牲前曾设法委托同室难友曾紫霞交给表弟谭竹安一封信，这也是她牺牲前留下的最后一封书信。信中寄托了一个母亲对孩子的思念和期盼，更表达了一位革命者对革命的坚定信念和对共产主义的信仰。原文如下：

江竹筠与丈夫彭咏梧、儿子彭云的合影

竹安弟：

友人告知我你的近况，我感到非常难受。幺姐及两个孩子给你的负担的确是太重了，尤其是现在的物价情况下，以你仅有的收入，不知把你拖成甚么个样子。除了伤心而外，就只有恨了。……我想你决不会抱怨孩子的爸爸和我吧？苦难的日子快完了，除了希望这日子快点到来而外，我什么都不能兑现。安弟，的确太辛苦你了。

我有必胜和必活的信心，自入狱日起（去年六月被捕）我就下了两年坐牢的决心。现在时局变化的情况，年底有出牢的可能。蒋王八的来渝，固然不是一件好事。但是不管他如何顽固，现在战事已近川边，这是事实，重庆再强也不能和平、京、穗相比，因此大方的给它三、四月的命运就会完蛋的。我们在牢里也不白坐，我们一直是不断的在学习，希望我俩见面时你更有惊人的进步。这点我们当然及不上外面的朋友。

话又得说回来，我们到底还是虎口里的人，生死未定。万一他作破坏到底的孤注一掷，一个炸弹两三百人的看守所就完了。这可能我们估计的确很少，但是并不等于没有。假如不幸的话，云儿就送你了，盼教以踏着父母之足迹，以建设新中国为志，为共产主义革命事业奋斗到底。

孩子们决不要娇养，粗服淡饭足矣。么姐是否仍在重庆？若在，云儿可以不必送托儿所，可节省一笔费用，你以为如何？就这样吧，愿我们早日见面。握别。愿你们都健康！

来友是我很好的朋友，不用怕，盼能坦白相谈。

竹　姐

八月廿七日

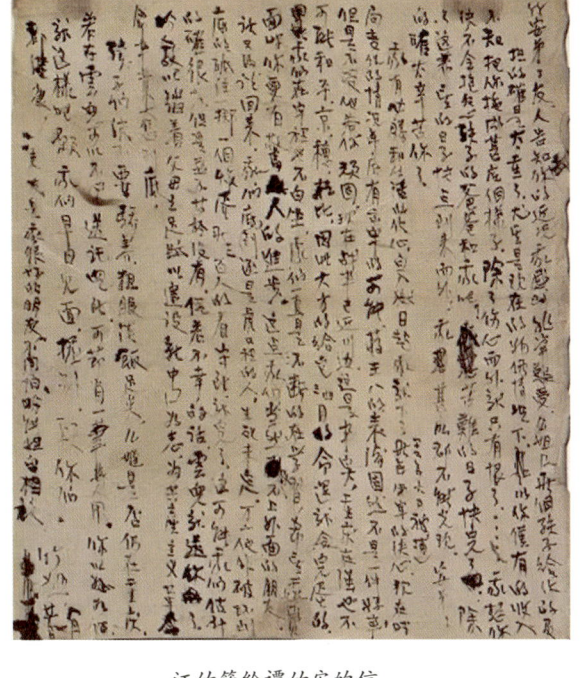

江竹筠给谭竹安的信

首先,江竹筠在信中寄托了对儿子的思念和期待。因自己身陷国民党反动派的监狱中,随时可能遭遇不测,江竹筠将孩子托付给表弟谭竹安。新中国成立前夕,重庆仍在国民党的统治范围之内,此时国统区经济近乎崩溃,通货膨胀惊人,社会秩序极度混乱,人民生活非常艰难。江竹筠虽身处狱中,但也设法通过各种方式了解外面的情况,对谭竹安的困难生活境遇也略有所知,对此时以幼子相托深表不安。对年幼的孩子,江竹筠虽然内心充满万千的思念和不舍,但仍嘱托谭竹安"孩子们绝不要娇养,粗服淡饭足矣"。此时的江竹筠已经隐约感受到国民党在毁灭之前的"残忍报复",直言如果自己也遭受不幸,一定要嘱咐孩子追寻父母革命的足迹,以建设新中国为志向,为共产主义事业奋斗。

四川大学望江校区江姐纪念馆

其次，江竹筠在信中展示了中国共产党人坚定的革命意志。江竹筠因叛徒出卖被捕入狱，其党员身份和职务已经完全暴露，特务们也已经掌握她和彭咏梧的夫妻关系，以为可以在她身上获取有价值的情报，借此趁机摧毁重庆地下党组织。为达到此目的，特务对江竹筠进行了严刑拷打，施加了各种惨无人道的酷刑，如老虎凳、辣椒水、吊索等。面对特务的酷刑摧残和死亡威胁，江竹筠始终坚贞不屈，紧紧牢记入党的誓言，"严守党的纪律，保守党的秘密"，从未向特务们透露一丝党的秘密。在狱中艰难的生存环境中，江竹筠始终坚守革命信念，和其他狱友回忆和学习《论共产党员的修养》《新民主主义论》等文章，正如在信中提及的那样，"我们在牢里也不白坐，我们一直是不断地在学习"。江竹筠和其他同志还在狱中组织开展政治学习班，并担任小组负责人传播革命知识。

最后，江竹筠在信中表达了对共产主义远大理想的坚定信仰。"盼教以踏着父母之足迹，以建设新中国为志，为共产主义革命事业奋斗到底"，这不仅是母亲对孩子的寄托，更是江竹筠自己对共产主义的崇高信念的宣示。自入党以来，江竹筠在党组织的安排下，不惧任何艰难险阻，认真负责地完成党组织交代的各项任务。在经历丈夫牺牲的悲痛后，江竹筠坚决请求奋斗在革命最前线。面对丈夫去世后的悲苦和与年幼孩子别离的思念，狱友们起初都很担心江竹筠内心崩溃，忍受不了特务的折磨而说出党的秘密，但她以瘦弱的身躯、高尚的灵魂证明了一名共产主义战士的坚定意志。

"巴山蜀水埋忠骨，红岩精神代代传。"这封狱中绝笔，以简短的语言深刻传递着江竹筠朴实沉稳的性格、宁难不苟的气概、坚定不移的信仰。2018年3月，习近平总书记在参加全国人大会议重庆代表团审议时，专门提到"红岩精神"，他指出："我们要经常想一想红岩先烈们的凛然斗志、英雄气概，时刻用坚定理想信念补精神之钙。"江竹筠同志在狱中严守党的秘密，在严刑拷打前毫不屈服，充分展现着共产党人坚定的理想信念和顽强斗争的革命精神，充分体现了"红岩精神"所蕴含的崇高思想境界、坚定理想信念、高尚人格力量和浩然革命正气。

六、人民至上：毛岸英给表舅向三立的信

毛岸英，1922年10月出生，湖南韶山人，毛泽东与杨开慧的长子，1950年11月牺牲于抗美援朝战场，生前系中国人民志愿军司令部俄语翻译和秘书。

新中国成立后，毛泽东作为党和国家的最高领导人，其亲属家眷中有人想以此得到一些特殊照顾。1949年10月，毛岸英收到表舅向三立的一封信，信中希望毛岸英能给杨开智谋个官职。杨开智是杨开慧的兄长，是毛岸英的亲舅舅。由于革命年代的特殊环境，毛岸英童年时期主要是在外祖母家度过的，杨家的亲属对其照顾颇多。新中国成立以后，杨开智写信给毛泽东，希望毛泽东能让他进京或者在长沙安排厅长的位置。同时，杨开智写信给表弟向三立，让其给毛岸英修书一封替其说情。

1949年10月9日，毛泽东给杨开智回信，对其所请求之

1946年,毛泽东与毛岸英在延安王家坪合影

事明确予以拒绝,"不要有任何奢望","湖南省委派你什么工作就做什么工作"。10月24日,毛岸英给向三立回信,也拒绝了舅舅杨开智的要求,并对表舅向三立进行了批评教育。毛岸英给向三立的复信较长,其中最能代表毛岸英对此事态度的一段如下:

> 来信中提到舅舅"希望在长沙有厅长方面的位置"一事,我非常替他惭愧。新的时代,这种一步登高的"做官"思想已是极端落后了,而尤以通过我父亲即能"上任",更是要不得的想法。新中国之所以不同于旧中国,共产党之所以不同于国民党,毛泽东之所以不同于蒋介石,

毛泽东的子女妻舅之所以不同于蒋介石的子女妻舅，除了其他更基本的原因之外，正在于此。皇亲贵戚仗势发财，少数人统治多数人的时代已经一去不复返了。靠自己的劳动和才能吃饭的时代已经来临了。在这一点上，中国人民已经获得根本的胜利。而对于这一层，舅舅恐怕还没有觉悟。望他慢慢觉悟，否则很难在新中国工作下去。翻身是广大群众的翻身，而不是几个特殊人物的翻身。生活问题要整个解决，而不可个别解决。大众的利益应该首先顾及，放在第一位。个人主义是不成的。我准备写信将这些情形坦白告诉舅舅他们。

众所周知，旧中国的经济命脉和财富掌握在四大家族手中，这也就是毛岸英在信中所说的"皇亲贵戚"。蒋宋孔陈四大家族的势力横跨政治和经济两大板块，他们大肆搜刮钱财，当时就流传"蒋家天下陈家党，宋氏姐妹孔家财"的俗语。毛岸英在信中告诉向三立，新中国之所以和旧中国有所不同，其中一条就是"取消了家族特权"。作为毛泽东的亲人，更要知法守法，不能像四大家族那样仗势发财，一步登高的"做官"思想已经落后。

之后，毛岸英进一步解释了拒绝杨开智请求的原因，"无产阶级的集体主义——群众观点与资产阶级的个人主义——个人观点之间的矛盾正是我们与舅舅他们意见分歧的本质所在。这两种思想即在我们脑子里也还在尖锐斗争着，只不过前者占了优势罢了。而在舅舅的脑子里，在许多其他类似舅舅的人的脑子里，则还是后者占着绝对优势，或者全部占据，虽然他本人的本质可能不一定是坏的"。

　　毛泽东作为党和国家的领导人,毛岸英作为毛泽东的儿子,两人是杨家的亲属,更是无产阶级利益的代表。毛岸英在信中也提到自己有时也会在这两种思想之间挣扎,杨开智虽是自己的亲舅舅,但毛岸英认为自己首先是一名共产党员,如果因为亲情之私而使群众的利益受损,那就不是无产阶级的代表,而变成资产阶级个人利益的代表,这与中国共产党人的宗旨就相违背了。

　　最后,毛岸英对向三立进行了勉励,"你现在已开始工作了吧,望从头干起,从小干起,不要一下子就想负个什么责任,先要向别人学习,不讨厌做小事,做技术性的事,我过去不懂这个道理,曾经碰过许多钉子,现在稍许懂事了——即是说不仅懂得应该为人民好好服务,而且开始稍许懂得应该怎样好好为人民服务,应该以怎样的态度为人民服务"。

　　毛岸英的这封

毛岸英给向三立的回信(局部)

信既是对向三立的劝诫，同时也饱含自己的思考与认识。毛岸英作为毛泽东的儿子，始终严格要求自己，从未有过一丝一毫的特权思想。1930年杨开慧牺牲后，年幼的毛岸英曾度过漫长的居无定所、漂泊流浪的生活，一直到1946年才与毛泽东相见。但毛泽东从未将毛岸英放在"温室"里，而是将其送进"劳动大学"，去农村接受锻炼和学习。毛岸英跟当地农民一起播种、收获，空闲时间经常跟农民交流，取长补短，还带着村里人学文化、讲政治，不仅使自己有所收获，也更懂得了如何为人民服务。

毛岸英给向三立的这封信，既是晚辈写给长辈的回信，同时也是一个共产党人写给亲人的信。这封信的核心，体现了毛岸英作为中国共产党人对党的性质宗旨的认识及在革命和亲情之间的抉择。其主旨是人民至上，主要内容包括以下三点：

首先，人人平等。在得知舅舅想以亲情为凭获取特殊照顾时，毛岸英予以明确拒绝，并告诫舅舅新中国成立后，个人主义在中国行不通了，任何人要想实现进步都要靠自己的努力。

其次，个人利益要服从集体利益。共产党是无产阶级利益的代表，毛泽东和毛岸英是杨开智的亲人，更是国家人民利益的代表，所思所想不能只为自身，更要考虑人民群众的利益，要做到全心全意为人民服务。

最后，要谦虚好学，躬身实践。母亲的遗言使毛岸英从小就将全心全意为人民服务的意识牢记在心里，但是事物是不断发展的，光有这个意识，而没有实际行动也是不行的，所以要虚心向别人学习，来弥补自己的不足。

毛岸英不仅以人民至上劝勉亲人，自己也以生命践行了这一宗旨。1950年朝鲜战争爆发，为了"抗美援朝，保家卫国"，中央决定出兵朝鲜。毛岸英当即报名，当时很多人并不同意他去，因为毛泽东同志为革命牺牲的亲人已经很多，不能再失去儿子。面对毛岸英的坚决，毛泽东斩钉截铁地说："谁叫他是毛泽东的儿子！他不去谁去！"就这样，毛岸英跟随部队一路到达朝鲜。1950年11月24日，志愿军在朝鲜的作战室被敌人发现，敌人随即派战机进行轰炸。在冒险转移文件时，作战室被敌军投下的凝固汽油弹命中，毛岸英壮烈牺牲。由于当时毛泽东生病，所以中央并没有将这个噩耗告诉他。直到1951年春，毛泽东病好以后，周恩来才将毛岸英牺牲的消息告诉他。当时，毛泽东对身边工作人员说："牺牲的成千成万，无法只顾及此一人。事已过去，不必说了。"1951年2月，彭德怀当面向毛泽东介绍毛岸英的牺牲情况，毛泽东说："打仗总是要死人的嘛！志愿军已经献出了那么多指战员的生命。岸英是一个普通的战士，不要因为是我的儿子，就当成一件大事。"

无论是在致向三立书信中人民利益与亲情之间的抉择，还是在战场上的英勇牺牲，毛岸英始终不忘人民至上的宗旨，并将其内化于心、外化于行。毛岸英的一生是光荣和奉献的一生，践行了中国共产党的初心使命，也是对中国共产党优良家风的生动诠释。

后　记

家风醇正，雨润万物；家风一破，污秽尽来。加强家风建设是党员领导干部的终身课题，是全面从严治党的重要抓手，是廉洁文化建设的重要内容。近年来，济南市委高度重视家庭家教家风建设，2022年5月，出台《关于高质量推进新时代廉洁文化建设的实施意见》，围绕擦亮"泉城清风"廉洁文化品牌，提出打造红色文化、泉水文化、黄河文化、名士文化、家风文化五个特色品牌。2024年9月，出台《关于高水平建设清廉泉城的实施意见》，提出建设六个"清廉单元"，其中"清廉家庭"就是六个"清廉单元"之一，充分彰显了对弘扬良好家风的高度重视，为加强新时代家风建设制定了"任务书"、明确了"路线图"。

为深入贯彻落实习近平总书记关于注重家庭家教家风建设的重要论述，认真落实高水平建设"清廉泉城"的相关要求，济南市纪检监察协会立足厚植廉洁文化底蕴，用好、用活廉洁文化资源，坚定践行"两个结合"，做实创造性转化、创新性发展，深入挖掘中华优秀家风文化中的有益因子，推动中华优秀家风文化与时代要求相契合、与当代文化相适应、与现代社会相协调，组织编写了《家风继世长：中华优秀家风文化》一书。

本书涉及内容多、材料范围广、时间跨度长，编写难度大。历时9个月付梓出版，得益于济南市纪委监委的高度重视和有力推动。在本书编写过程中，济南市委常委、市纪委书记、市监委主任杨光忠既从宏观上科学把握，多次对编写工作提出明确要求，又从细节上精心指导，使整个编写工作环环相扣、运转顺畅。济南市纪委副书记、市监委副主任孙义俊对大纲的拟定、内容的取舍、文稿的修改，全程参与并提出意见和建议。济南市纪委监委宣传部牵头成立工作专班，吸收相关部门、单位参与，对内加强部门协作，对外加强沟通协调，为书稿撰写争取到有关方面的鼎力支持和无私帮助。山东师范大学齐鲁文化研究院、济南社会科学院精选具有深厚学术造诣、独到学术见解的9位专家学者，组成编写团队，群策群力、精心打磨，数易其稿、不断完善。书稿完成后，由山东师范大学齐鲁文化研究院仝晰纲教授、中共山东省委党校裴传永教授审定。

本书是济南市纪委监委加强新时代廉洁文化建设的一次成功探索和尝试，是向高水平建设"清廉泉城"所交的历史答卷。本书运用生动的事例，采取讲故事的形式，让书写在古籍里的文字"活起来"，讲好清廉家风故事，推动广大党员干部在思接千载、鉴往知来中，感受文化魅力，聆听历史回声，厚植清廉底蕴，涵养时代新风。

中国优秀家风文化博大精深，由于编者水平有限，本书必然存有疏漏和不足之处，敬请广大读者批评指正。

2025年1月